APRENDENDO
SEGURANÇA
DO
TRABALHO
DE UM JEITO DIFERENTE

CB035527

Dados Internacionais de Catalogação na Publicação (CIP)
(Simone M. P. Vieira – CRB 8ª/4771)

Nascimento, Ancelmo
Aprendendo segurança do trabalho de um jeito diferente
/ Ancelmo Nascimento. – São Paulo : Editora Senac São Paulo,
2024.

Bibliografia
ISBN 978-85-396-4498-8 (Impresso/2024)
e-ISBN 978-85-396-4497-1 (ePub/2024)
e-ISBN 978-85-396-4379-0 (PDF/2024)

1. Saúde e segurança ocupacional 2. Higiene ocupacional
3. Acidentes de trabalho – Prevenção - Controle I. Título.

24-2481r

CDD – 363.116
BISAC TEC017000
HEA028000

Índice para catálogo sistemático:

1. Prevenção e controle de risco :
Problemas sociais 363.116

Ancelmo Nascimento

APRENDENDO
SEGURANÇA DO TRABALHO
DE UM JEITO DIFERENTE

Editora Senac São Paulo – São Paulo – 2024

ADMINISTRAÇÃO REGIONAL DO SENAC NO ESTADO DE SÃO PAULO
Presidente do Conselho Regional: Abram Szajman
Diretor do Departamento Regional: Luiz Francisco de A. Salgado
Superintendente Universitário e de Desenvolvimento: Luiz Carlos Dourado

EDITORA SENAC SÃO PAULO
Conselho Editorial: Luiz Francisco de A. Salgado
Luiz Carlos Dourado
Darcio Sayad Maia
Lucila Mara Sbrana Sciotti
Luís Américo Tousi Botelho

Gerente/Publisher: Luís Américo Tousi Botelho
Coordenação Editorial: Verônica Pirani de Oliveira
Prospecção: Andreza Fernandes dos Passos de Paula
Dolores Crisci Manzano
Paloma Marques Santos
Administrativo: Marina P. Alves
Comercial: Aldair Novais Pereira
Comunicação e Eventos: Tania Mayumi Doyama Natal

Edição e Preparação de Texto: Ana Luiza Candido
Coordenação de Revisão de Texto: Marcelo Nardeli
Revisão de Texto: Júlia Campoy
Coordenação de Arte: Antonio Carlos De Angelis
Capa, Projeto Gráfico e Editoração Eletrônica: Veridiana Freitas
Impressão e Acabamento: Rettec Artes Gráficas

Proibida a reprodução sem autorização
expressa. Todos os direitos desta
edição reservados à
EDITORA SENAC SÃO PAULO
Av. Engenheiro Eusébio Stevaux, 823 –
Prédio Editora – Jurubatuba –
CEP 04696-000 – São Paulo – SP
Tel. (11) 2187-4450
editora@sp.senac.br
https://www.editorasenacsp.com.br

© Editora Senac São Paulo, 2024

SUMÁRIO

Nota do editor 7

Agradecimentos 11

Apresentação 15

1. **Breve histórico da segurança e saúde do trabalho e do ensino profissional técnico** 19

2. **Perfil dos estudantes** 25

3. **Perfil profissional exigido pelo mercado de trabalho** 31

4. **Medos e inseguranças do início da carreira** 37

5. **Formação continuada** 41

6. **Como escolher cursos de qualificação e aperfeiçoamento** 47

7. **Expectativa × realidade: o que os alunos procuram no curso e o que realmente vão encontrar** 51

8. **Criatividade: uma ferramenta profissional** 53

   8.1 Participar de jogos ajuda a praticar os conhecimentos 55

   8.2 Praticando com estudos de casos 62

9. **Aprendizagem em grupo** 65

10. Desafios 69

    10.1 Em sala de aula 69

    10.2 Para a conclusão do curso 71

11. Networking e encaminhamento profissional 75

    11.1 Concursos públicos 78

12. Organização e dedicação 81

13. Como se manter atualizado? 87

14. Uma palavra final 93

Referências 97

Anexos 102

    Respostas das atividades 102

Nota do editor

Quando tratamos de um conhecimento técnico, como os abordados em segurança e saúde do trabalho, não é difícil encontrarmos respostas em compilados de normas e instruções direcionados aos estudantes da área. Mas e quando a dúvida diz respeito a um anseio profissional, que não pode ser respondido consultando leis e decretos?

Inspirado por seus alunos, Ancelmo Nascimento reuniu nesta obra o que sua experiência como docente tem lhe mostrado ao longo dos anos: que uma boa formação vem não só da compreensão do conteúdo, como também de uma vontade de enfrentar desafios e de buscar sempre o melhor.

Em *Aprendendo segurança do trabalho de um jeito diferente*, o autor estabelece um diálogo com os futuros profissionais, antecipando os eventuais cenários que poderão encontrar em sua atuação e oferecendo-lhes uma forma de treinar seus conhecimentos de modo leve, dinâmico e divertido.

Ciente de seu papel como referência no ensino técnico em segurança e saúde do trabalho, o Senac São Paulo traz a público uma obra destinada a auxiliar ingressantes em cursos, recém-formados e docentes a consolidar conhecimentos, reafirmando assim seu compromisso com uma formação profissional em consonância com o mercado de trabalho.

Em memória de meus pais Antônio José e Maria Vitória e meu irmão Antônio. Eu acredito que de alguma forma eles estão felizes com a realização de um sonho.

Agradecimentos

Agradeço a Deus por me proporcionar discernimento para planejar, e disciplina e força de vontade para construir e concluir esta obra.

Em especial, à minha esposa, Maria Hilda, a meus filhos, Luísa e Pedro, que me incentivaram a escrever este livro, e também a meus irmãos Ana Carolina e Acácio, que sempre acreditaram em meu potencial.

Ao meu mentor em segurança do trabalho, Uilson Nunes Ferraz, que me ajudou muito durante a minha formação técnica e me deu oportunidades de trabalho e de desenvolvimento profissional, além de ter me incentivado a fazer engenharia de segurança.

A meus amigos, que me incentivaram e torceram por mim, em especial a Bruno Moisés Rufino Baptista, que contribuiu com a obra; e também a Fabia Teixeira Marinho e a Dolores Crisci Manzano, que ajudaram na viabilidade do livro.

Ao Senac Taboão da Serra e a todos os meus alunos, que direta ou indiretamente contribuíram para o meu desenvolvimento como professor.

Seja você quem for, seja qual for a posição social que você tenha na vida, a mais alta ou a mais baixa, tenha sempre como meta muita força, muita determinação e sempre faça tudo com muito amor e com muita fé em Deus, que um dia você chega lá. De alguma maneira você chega lá.

Ayrton Senna

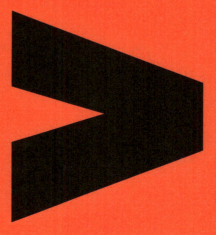

Apresentação

Sempre desejei escrever um livro, mas sempre esbarrei na escolha do tema, pois acredito que é preciso um profundo conhecimento sobre um assunto para poder expressar-se com propriedade. Depois de colocar algumas ideias em um rascunho de papel, esta obra começou a tomar forma.

A minha intenção quando comecei a rascunhar este trabalho era falar sobre segurança e saúde do trabalho, assunto com o qual tenho muita familiaridade – são quase 20 anos de atuação na área e 15 como docente –, do ponto de vista de um professor que deseja, acima de tudo, que seus alunos tenham a melhor formação possível e prepará-los para o mercado de trabalho.

O conteúdo deste trabalho é o que eu faço o tempo todo com os meus alunos: observo suas necessidades, anseios e medos em relação à atuação profissional. Vi aqui a oportunidade de realizar meu desejo de escrever uma obra para falar sobre algo de que gosto muito, com base em minhas experiências, e de fazer algo que seja útil para o leitor como um instrumento de orientação.

Não tenho a pretensão de ensinar ferramentas inovadoras para atuação da área, ou de interpretar normas, leis ou decretos relacionados à segurança e à saúde do trabalho, mas sim, pelas minhas experiências como profissional atuante e docente, de oferecer uma perspectiva da área e de como se comportar nessa nova jornada profissional. Essa obra tem o intuito de ajudar os estudantes em segurança e saúde do trabalho a melhorar seu desempenho e a aproveitar melhor seu aprendizado, consequentemente aumentando as chances de buscar e conseguir as melhores oportunidades de emprego na área.

Em sala de aula, uma das formas que encontrei de auxiliar meus alunos foi aplicando a metodologia de aprendizagem com jogos, que pode ser trabalhada com qualquer assunto relacionado a segurança e saúde do trabalho e também utilizada com diversos propósitos: individualmente, em pares ou grupos como uma atividade de integração dentro da sala de aula; como avaliação diagnóstica, que geralmente é realizada antes de se iniciar um conteúdo para saber o grau de conhecimento dos estudantes sobre um tema; como avaliação formativa, que pode ser realizada continuamente ao longo do processo de ensino-aprendizagem; e como avaliação somativa, que pode ser realizada ao final de todo o processo, fechando o conteúdo.

Apresento neste livro alguns dos jogos que elaborei ao longo dos anos, na expectativa de que o leitor possa usá-los para praticar e aprender. Além disso, reúno também alguns aspectos que considero importantes para a formação, como a elaboração de um plano de estudo e a utilização da internet como uma ferramenta de aprendizagem.

Espero que este meu desejo realizado cumpra o seu propósito.

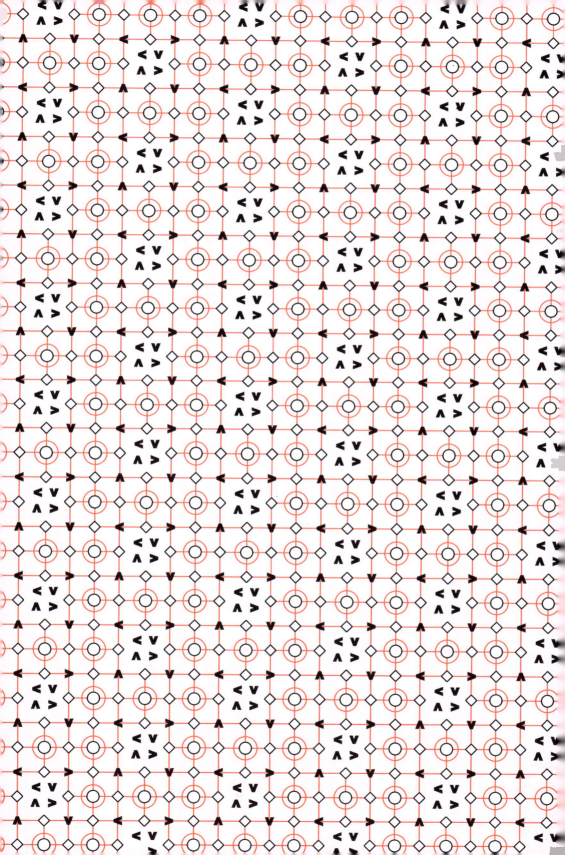

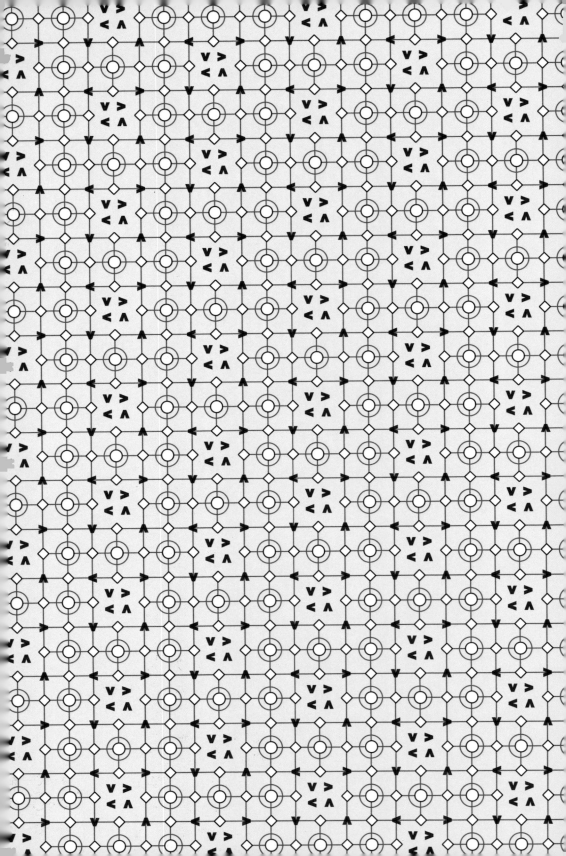

1

Breve histórico da segurança e saúde do trabalho e do ensino profissional técnico

As primeiras observações relacionadas à segurança e à saúde do trabalho foram feitas por Hipócrates, que viveu entre 460 e 370 a.C. e registrou doenças dos trabalhadores em minas de estanho. Outro nome muito relevante e mais evidenciado pelas suas importantíssimas contribuições para a segurança e medicina do trabalho é o de Bernardino Ramazzini (1633-1714), que se preocupou e se comprometeu com uma classe de pessoas habitualmente esquecida e menosprezada pela medicina e publicou uma obra intitulada *As doenças dos trabalhadores*.

A obra de Ramazzini jogou luz sobre a determinação social da doença, mostrando a necessidade do estudo das relações entre o estado de saúde de uma dada população e suas condições de vida, que são determinadas por sua posição social, e dos fatores que agem de uma forma particular ou com especial intensidade no grupo, por causa de sua posição social e ocupação (Mendes, 2020).

A Revolução Industrial, iniciada na Inglaterra em meados do século XVIII, trouxe muitas transformações para a sociedade, principalmente para a classe trabalhadora. Essas transformações afetaram negativamente o bem-estar físico e psicológico dos trabalhadores, que passaram a ser obrigados a executar longas jornadas de trabalho em ambientes sem segurança e a manusear máquinas tecnologicamente avançadas com as quais não estavam habituados, o que provocava graves acidentes de trabalho, como mutilação, intoxicação, desgaste físico, entre outros. As mulheres, que ocupavam o mercado de trabalho em grande número por serem consideradas mão de obra barata, eram as principais vítimas nesse cenário.

Desde os primeiros relatos sobre segurança e saúde do trabalho até os dias atuais, muita coisa mudou, especialmente a criação de leis e a conscientização sobre os riscos à saúde dos trabalhadores. A linha do tempo do quadro 1.1 evidencia um breve histórico de fatos relevantes relacionados à segurança e saúde do trabalho no mundo e no Brasil, desde a Revolução Industrial até a criação da Portaria nº 3.237 de 1972.

Antes da regulamentação do curso de formação técnica em segurança do trabalho, existiam outras formações não técnicas bem diferentes do modelo atual. A Portaria nº 3.237, de 27 de julho de 1972, assinada por Júlio Barata, então ministro do Trabalho, tornou obrigatório o oferecimento de um serviço de segurança e medicina em empresas com mais de cem funcionários, algo que era facultativo até aquele momento – e bem antes das Normas Regulamentadoras que temos hoje, que foram criadas em 8 de junho de 1978 pela Portaria nº 3.214, mais especificamente a NR-4 – Serviços Especializados em Engenharia de Segurança e em Medicina do Trabalho (SESMT).

Dessa forma, teve início a profissionalização em segurança e saúde do trabalho no Brasil. A Fundação Centro Nacional de Segurança, Higiene e Medicina do Trabalho, conhecida hoje como Fundação

QUADRO 1.1
MARCOS RELACIONADOS À SEGURANÇA E SAÚDE DO TRABALHO NO MUNDO E NO BRASIL

1760
A Revolução Industrial marca a transição para novos processos de fabricação na Grã-Bretanha, na Europa continental e nos Estados Unidos.

1802
Promulgação da primeira lei inglesa de proteção aos trabalhadores. Estabelecia, entre outras regras, o limite de 12 horas de trabalho diários; a proibição do trabalho noturno; a obrigação, por parte dos empregadores, de lavar as paredes das fábricas duas vezes por ano, etc.

1833
A Inglaterra estabelece a "Lei das Fábricas", que determinava às indústrias a implementação de sistemas de ventilação de modo a diminuir a concentração de contaminantes no ar do ambiente de trabalho.

1919
Criação da Organização Internacional do Trabalho (OIT).

Promulgação da primeira lei brasileira que regula as obrigações resultantes dos acidentes no trabalho (Lei nº 3.724, de 15 de janeiro de 1919).

1883
Fundação da Associação de Indústrias contra os Acidentes de Trabalho, na França.

1941
Fundação da Associação Brasileira para Prevenção de Acidentes (ABPA), em 21 de maio de 1941, com o objetivo de educar empregados e empregadores para a prevenção de acidentes.

1943
Aprovação da Consolidação das Leis do Trabalho (CLT) pelo Decreto-lei nº 5.452, de 1º de maio de 1943, que organiza a legislação trabalhista no Brasil.

1960
Criação da Portaria nº 319, de 30 de dezembro da 1960, que regulamenta os equipamentos de proteção individual (EPIs).

1944
Promulgação do Decreto-lei nº 7.036, de 10 de novembro de 1944, que estabelece a Lei de Acidentes do Trabalho e cria a Comissão Interna de Prevenção de Acidentes e de Assédio (CIPA), com o objetivo de ajudar na aplicação dos dispositivos de segurança e medicina do trabalho dispostos na CLT.

1966
Instituição da Fundação Centro Nacional de Segurança, Higiene e Medicina do Trabalho, pela Lei nº 5.161, de 21 de outubro de 1966. Hoje, é conhecida com o nome de seu primeiro presidente: Fundação Jorge Duprat Figueiredo de Segurança e Medicina do Trabalho (Fundacentro).

1972
Criação da Portaria nº 3.237, de 27 de julho 1972, que estabelece os serviços de segurança e saúde do trabalho.

Fontes: Brasil (2023), Senac ([*s. d.*]) e Reis (2019).

Jorge Duprat Figueiredo de Segurança e Medicina do Trabalho (Fundacentro), oferecia formação em supervisor de segurança do trabalho, com um curso com 140 horas de carga horária. Anos depois, em 1976, na mesma instituição, surge a formação em inspetor de segurança do trabalho, para a qual se exigia o ensino fundamental completo.

> No período de 1973 a 1986, a Fundacentro ministrou, diretamente ou em convênio com diversas instituições de ensino, cursos intensivos de qualificação profissional e cursos de especialização, em cumprimento a portarias emitidas pelo Ministério do Trabalho. O objetivo era suprir a crescente demanda em prol de melhores condições de saúde e segurança dos trabalhadores nas empresas e repartições públicas, diante de um cenário de desenvolvimento industrial e crescimento econômico que, nos termos do modelo adotado, levou os índices de Acidentes de Trabalho a níveis altíssimos. Desse modo, a Fundacentro contribuiu ativamente na qualificação formal dos primeiros profissionais da área, até que tal atribuição passou a ficar a cargo do Ministério da Educação (MEC) (Brasil, [s. d.]b).

Em 1986, o Decreto nº 92.530 regulamentou a Lei nº 7.410, de 27 de novembro de 1985, que dispõe sobre a especialização de engenheiros e arquitetos em engenharia de segurança do trabalho e sobre a profissão de técnico em segurança do trabalho, passando para o Ministério da Educação a responsabilidade dos critérios de formação desses profissionais. O texto do decreto estabelece que:

Art. 2º. O exercício da profissão de Técnico de Segurança do Trabalho é permitido, exclusivamente:

I – ao portador de certificado de conclusão de curso de Técnico de Segurança do Trabalho, ministrado no País em estabelecimento de ensino de 2º grau;

II – ao portador de certificado de conclusão de curso de Supervisor de Segurança do Trabalho, realizado em caráter prioritário pelo Ministério do Trabalho;

III – ao possuidor de registro de Supervisor de Segurança do Trabalho, expedido pelo Ministério do Trabalho até 180 dias da extinção do curso referido no item anterior.

Art. 3º O Ministério da Educação, dentro de 120 dias, por proposta do Ministério do Trabalho, fixará os currículos básicos do curso de especialização em Engenharia de Segurança do Trabalho, e do curso de Técnico de Segurança do Trabalho, previstos no [...] item I do artigo 2º.

[...]

Art. 6º As atividades de Técnico de Segurança do Trabalho serão definidas pelo Ministério do Trabalho, no prazo de 60 dias, após a fixação do respectivo *currículo* escolar pelo Ministério da Educação, na forma do artigo 3º.

Art. 7º O exercício da profissão de Técnico de Segurança do Trabalho depende de registro no Ministério do Trabalho (Brasil, 1986).

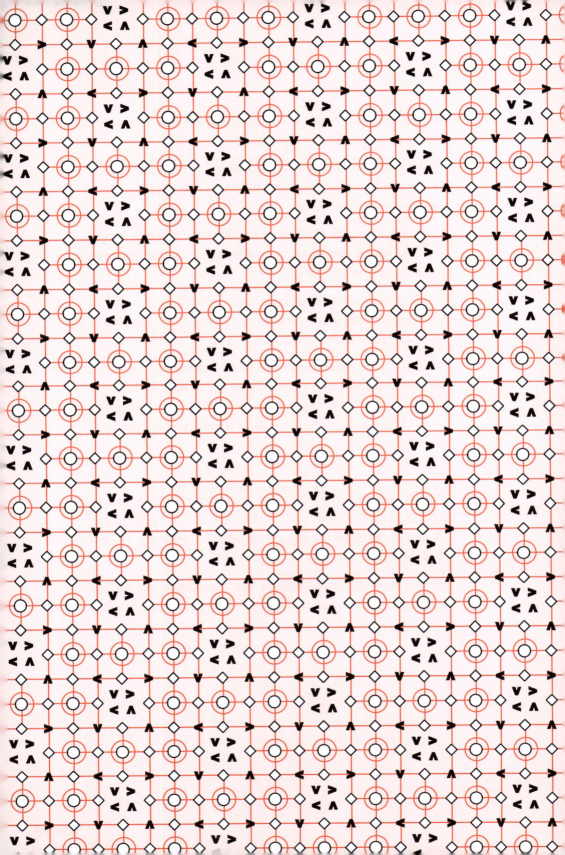

Perfil dos estudantes

O curso técnico em segurança e saúde do trabalho é muito procurado por pessoas que conheceram a área graças a um parente, amigo ou colega que atua direta ou indiretamente nesse campo. Ou ainda devido a algum contato com a segurança do trabalho na empresa onde trabalha ou já trabalhou, seja por conta de pesquisas ou por ter ouvido falar ou participado da Comissão Interna de Prevenção de Acidentes e de Assédio (CIPA), da brigada de incêndio, de palestras voltadas à área, de treinamentos e capacitações, ou até mesmo pela participação na Semana Interna de Prevenção de Acidentes Trabalho (SIPAT), promovida pela CIPA da organização. Esses são alguns exemplos de um primeiro contato com a segurança e que acabam motivando a escolha do curso.

Há também pessoas que buscam fazer o curso já sabendo o que querem ou o que vão encontrar durante sua formação, mesmo sem ter tido nenhum contato anterior com a segurança e saúde do trabalho. Isso porque elas percebem a importância do trabalho desse profissional para a manutenção da saúde e integridade física dos trabalhadores em uma empresa.

Entre os inúmeros motivos para a escolha dessa formação, o que mais chama a atenção é o piso salarial – um dos maiores entre todas as formações de nível técnico. O piso salarial do profissional técnico em segurança e saúde do trabalho é definido por estado e pelos sindicatos representantes da categoria. No estado de São Paulo, atua o Sindicato dos Técnicos de Segurança do Trabalho no Estado de São Paulo (Sintesp), que estabelece os pisos salariais em convenções coletivas. Todos os anos, os pisos têm reajuste em função dos acordos realizados pelos representantes do sindicato.

Escolher fazer um curso técnico em segurança e saúde do trabalho motivado apenas pelo piso salarial ou por acreditar que é só entregar equipamentos de proteção individual (EPIs) ou só cuidar da CIPA é um equívoco. Esse tipo de pensamento se baseia em muitas falas e crenças que pregam que o técnico não faz nada, dá uns treinamentos de vez em quando e está tudo certo. Quem pensa dessa forma tem uma ideia totalmente errada da profissão.

A Portaria nº 3.275, de 21 de setembro de 1989, do Ministério do Trabalho e Emprego, regulamenta as atividades do técnico em segurança do trabalho, que são:

Art. 1º. As atividades do Técnico de Segurança do Trabalho são as seguintes:

I – Informar o empregador, através de parecer técnico, sobre os riscos existentes no ambiente de trabalho, bem como orientá-lo sobre as medidas de eliminação e neutralização;

II – Informar os trabalhadores sobre os riscos da sua atividade, bem como as medidas de eliminação e neutralização;

III – Analisar os métodos e os processos de trabalho e identificar os fatores de risco de acidentes do trabalho, doenças profissionais e do trabalho e a presença de agentes ambientais agressivos ao trabalhador, propondo sua eliminação ou seu controle;

IV – Executar os procedimentos de segurança e higiene do trabalho e avaliar os resultados alcançados, adequando-os às estratégias utilizadas de maneira a integrar o processo prevencionista em sua planificação, beneficiando o trabalhador;

V – Executar os programas de prevenção de acidentes do trabalho, doenças profissionais e do trabalho nos ambientes de trabalho com a participação dos trabalhadores, acompanhando e avaliando seus resultados, bem como sugerindo constante atualização dos mesmos e estabelecendo procedimentos a serem seguidos;

VI – Promover debates, encontros, campanhas, seminários, palestras, reuniões, treinamento e utilizar outros recursos de ordem didática e pedagógica com o objetivo de divulgar as normas de segurança e higiene do trabalho, assuntos técnicos, administrativos e prevencionistas, visando evitar acidentes do trabalho, doenças profissionais e do trabalho;

VII – Executar as normas de segurança referentes a projetos de construção, ampliação, reforma, arranjos físicos e de fluxo, com vistas à observância das medidas de segurança e higiene do trabalho, inclusive por terceiros;

VIII – Encaminhar aos setores e áreas competentes normas, regulamentos, documentação, dados estatísticos, resultados de análises e avaliações, materiais de apoio técnico, educacional e outros de divulgação para conhecimento e autodesenvolvimento do trabalhador;

IX – Indicar, solicitar e inspecionar equipamentos de proteção contra incêndio, recursos audiovisuais e didáticos e outros materiais considerados indispensáveis, de acordo com a legislação vigente, dentro das qualidades e especificações técnicas recomendadas, avaliando seu desempenho;

X – Cooperar com as atividades do meio ambiente, orientando quanto ao tratamento e destinação dos resíduos industriais, incentivando e conscientizando o trabalhador da sua importância para a vida;

XI – Orientar as atividades desenvolvidas por empresas contratadas, quanto aos procedimentos de segurança e higiene do trabalho, previstos na legislação ou constantes em contratos de prestação de serviços;

XII – Executar as atividades ligadas à segurança e higiene do trabalho utilizando métodos e técnicas científicas, observando dispositivos legais e institucionais que objetivem a eliminação, controle ou redução permanente dos riscos de acidentes do trabalho e a melhoria das condições do ambiente, para preservar a integridade física e mental dos trabalhadores;

XIII – Levantar e estudar os dados estatísticos de acidentes do trabalho, doenças profissionais e do trabalho, calcular a frequência e a gravidade destes para ajustes das ações prevencionistas, normas, regulamentos e outros dispositivos de ordem técnica, que permitam a proteção coletiva e individual;

XIV – Articular-se e colaborar com os setores responsáveis pelos recursos humanos, fornecendo-lhes resultados de levantamentos técnicos de riscos das áreas e atividades para subsidiar a adoção de medidas de prevenção a nível de pessoal;

XV – Informar os trabalhadores e o empregador sobre as atividades insalubres, perigosas e penosas existentes na empresa, seus riscos específicos, bem como as medidas e alternativas de eliminação ou neutralização dos mesmos;

XVI – Avaliar as condições ambientais de trabalho e emitir parecer técnico que subsidie o planejamento e a organização do trabalho de forma segura para o trabalhador;

XVII – Articular-se e colaborar com os órgãos e entidades ligados à prevenção de acidentes do trabalho, doenças profissionais e do trabalho.

XVIII – Participar de seminários, treinamentos, congressos e cursos visando o intercâmbio e o aperfeiçoamento profissional (Brasil, 1989).

A atuação de um profissional em segurança e saúde do trabalho vai além das atividades previstas na legislação. Ao se profissionalizar na área, você terá uma noção real das atribuições do cargo. Além disso, você vai perceber que o piso nem sempre é respeitado pelas empresas e que, por tamanha responsabilidade, muitas vezes os salários praticados são injustos. Cuidar de documentações, da capacitação de todos, da avaliação e do controle de riscos, e ter de lidar com tudo isso muitas vezes sem apoio da diretoria ou de gestores acima de você não será nada fácil.

A ideia aqui não é apresentar normas e procedimentos de segurança e saúde do trabalho, mas mostrar para você que é preciso ser persistente, abrir-se para novos aprendizados e ter vontade de absorver conteúdos muitas vezes complexos, mas que são importantes no início dos estudos para que você não se perca no futuro.

Não tenha preguiça de ler, porque isso ajudará na interpretação das normas regulamentadoras, além de auxiliar na elaboração de relatórios técnicos. Observo em muitos profissionais já formados uma ausência do vocabulário técnico adequado, e sobre esse aspecto volto a destacar a importância de realizar leituras. Não se sinta constrangido ao não entender uma palavra técnica, pois talvez algum termo mal compreendido pode ser a chave para uma boa interpretação do restante do texto. Não carregue dúvidas, nem tente saná-las por conta própria. Os estudantes devem contribuir nas aulas, apresentar experiências que sejam pertinentes ao conteúdo, participar com muita atenção das aulas práticas, ajudar os colegas e deixar ser ajudado.

Mesmo que você tenha escolhido essa área de atuação sem ter muita certeza do que queria, sugiro que continue. Se você não a abandonou é porque já está comprometido com a segurança do trabalho – e sei que terá um ótimo desempenho se dedicando bastante na formação e observando bem as dicas deste livro.

Perfil profissional exigido pelo mercado de trabalho

A atuação de um profissional em segurança e saúde do trabalho é bem ampla e diversificada, já que, para qualquer atividade que envolva perigos, independentemente do seu potencial, é necessário estabelecer procedimentos para eliminação ou controle de riscos, capacitação e orientação dos colaboradores, documentação para atendimento à legislação, entre outras ações, com o objetivo de evitar danos humanos ou materiais em uma empresa e observando também as normas de segurança e saúde do trabalho vigentes e aplicáveis.

Desde a Portaria nº 3.275, de 21 de setembro de 1989, ficou evidente que o profissional de segurança do trabalho deve ter uma formação adequada e um conhecimento atualizado sobre a legislação, em função das necessidades do mercado de trabalho e do dinamismo das operações e processos. A profissão exige do técnico em segurança e saúde do trabalho uma contínua atualização, além das normas, das ferramentas de gestão e aplicação das ações preventivas de acidentes e doenças do trabalho, que devem ser experimentadas na formação técnica, uma vez que o mercado é competitivo e exigente.

Para Oliveira (2018, p. 132),

> A preocupação com a saúde dos trabalhadores sempre existiu. Apesar de não haver um rigor técnico necessário, no passado existiam iniciativas consideradas modestas em prol da segurança e saúde do trabalhador. Essa situação foi se alterando com o passar dos anos em virtude da evolução dos conceitos e das preocupações em relação à segurança e à saúde do trabalhador.

O mercado de trabalho vem apresentando muitas oportunidades aos profissionais técnicos em segurança do trabalho em função da conscientização não somente dos funcionários e empregadores, mas da sociedade em geral – impulsionada pela rapidez das informações e a facilidade de obtê-las graças ao acesso à internet. As redes sociais também ajudam na divulgação e disseminação da prevenção de acidentes, expondo as empresas que não cumprem a legislação e que não se preocupam com a qualidade no ambiente de trabalho. Para Rojas (2015, p. 34),

> as causas dos acidentes e os estudos e as investigações sobre essas causas são primordiais para que as empresas aprimorem seus métodos de gestão e consigam criar barreiras que impeçam suas ocorrências.

Em minha trajetória profissional, tive a oportunidade de passar por diversos segmentos atuando como consultor de segurança e saúde do trabalho. Assim, pude conhecer as expectativas do mercado e também tive contato com colegas de profissão desenvolvendo suas atividades em diversos segmentos, como construção civil, hospitais, indústrias, instituições de ensino, empresas agroindustriais, portos e aeroportos, centrais de logística, companhias de mineração ou de extração de petróleo e gás, entre outras organizações comerciais e industriais, de pequeno a grande porte.

Com a intenção de tentar traçar um perfil do profissional em segurança e saúde do trabalho que exemplifique o que o mercado está buscando, venho observando há tempos as transformações que estão acontecendo na área, como as atualizações das normas regulamentadoras, a automação dos processos produtivos, a inserção de novos modelos operacionais, a digitalização dos procedimentos e documentos da área, entre outras, e principalmente a iminente necessidade de mudanças nos planos de curso das instituições que oferecem a formação técnica em segurança e saúde do trabalho. Todos esses aspectos interferem no perfil do profissional que o mercado pretende contratar.

Analisei 84 vagas de emprego, divulgadas durante o segundo semestre do ano de 2023 e exclusivas para formados em nível técnico em segurança e saúde do trabalho, encontradas em sites como LinkedIn ou enviadas em grupos de WhatsApp, que é também uma ferramenta rápida para a divulgação de vagas. As vagas analisadas foram somente do estado de São Paulo, sendo a maioria delas oferecidas na capital, região metropolitana e cidades próximas. Sintetizei as exigências e requisitos dos perfis apresentados destacando os seguintes aspectos: atribuições mais cobradas pelas empresas, habilidades mais exigidas, tipos de conhecimentos específicos e nível de experiência solicitados, benefícios oferecidos, horário de trabalho e média salarial. Acompanhe o resultado no quadro 3.1.

Um ponto para destacar sobre o perfil exigido pelo mercado são as oportunidades para trabalhos na modalidade *freelancer*, que podem demandar do profissional não só os conhecimentos e habilidades específicos determinados pela vaga em si como também que tenham os equipamentos necessários, ou carteira de habilitação, entre

• ATRIBUIÇÕES •

- Assegurar o cumprimento das normas regulamentadoras de segurança e saúde do trabalho específicas para o segmento de atuação.
- Elaborar procedimentos de segurança, instruções e orientações aos funcionários.
- Controlar documentos (PGR, PCMSO, OS, PPP, ASO, APR, checklists, etc.).
- Oferecer treinamentos e integração dos colaboradores.
- Analisar documentos de SST.
- Monitorar e inspecionar os ambientes de trabalho.
- Conferir e controlar as documentações dos colaboradores.
- Controlar estoque de EPIs, registrar entrega de EPIs, orientar e monitorar o uso dos equipamentos.
- Desenvolver ações educativas na área de segurança e saúde do trabalho e na SIPAT.
- Participar de perícias e fiscalizações e integrar processos de negociação.
- Participar da adoção de tecnologias e processos de trabalho.
- Gerenciar documentação de SST.
- Investigar, analisar acidentes, emissão de CAT e recomendar medidas de prevenção e controle.
- Gerenciar riscos.
- Realizar DDS.
- Acompanhar e liberar atividades perigosas.
- Elaborar documentações para liberação de trabalho.
- Orientar e colaborar nas atividades da CIPA e da brigada de incêndio.
- Participar da elaboração da política de segurança e saúde do trabalho da empresa.
- Atuar em conjunto com o RH visando atender às demandas da área ambiental.

• HABILIDADES •

- Ser criativo para solucionar problemas relacionados à segurança e à saúde no trabalho.
- Ter aptidão para trabalhar em equipe e exercer liderança.
- Ser capaz de falar em público.
- Ter facilidade na comunicação verbal e escrita.
- Ser observador.
- Ter bom relacionamento interpessoal.
- Saber analisar indicadores de performance através de relatórios.
- Ter perfil analítico e proativo.
- Ser assertivo nas tomadas de decisão.

• CONHECIMENTOS ESPECÍFICOS •

- Primeiros socorros.
- Pacote Office.
- Softwares para gestão de segurança e saúde do trabalho e para gestão ambiental.
- eSocial, ISO 14001 e 45001, avaliações de higiene ocupacional e de algumas NRs, como as 1, 5, 6, 7, 10, 11, 12, 17, 18, 33 e 35.

QUADRO 3.1

RESUMO DE ATRIBUIÇÕES, BENEFÍCIOS E SALÁRIOS DO MERCADO DE TRABALHO

• SALÁRIO •

- As remunerações são mais altas conforme a experiência e os conhecimentos específicos do profissional, chegando a ser oferecido até 20% a mais do piso salarial da categoria.
- Construção civil é o setor que oferece os melhores salários, seguido da indústria química.
- Para quem está começando a se profissionalizar, o piso salarial é a remuneração mais praticada.
- Em algumas vagas, para quem está começando, o salário oferecido estava abaixo do piso para o cargo de auxiliar técnico.

• EXPERIÊNCIAS PROFISSIONAIS •

- Experiência mínima de atuação na área exigida pela maioria das vagas: 1 a 2 anos.
- Experiência em setores específicos: construção civil (conhecimento em sistema de proteção contra quedas, fiscalização e acompanhamento de obras, etc.); indústrias de grande porte (Segurança, Saúde e Meio Ambiente do Trabalho – SSMAT); indústria gráfica; indústria química; e centros logísticos.

• HORÁRIOS E DIAS DE TRABALHO •

- Geralmente em horário comercial: segunda a quinta, das 07h00 às 17h00; e sexta, das 07h00 às 16h00 ou das 08h00 às 17h00.
- Vagas que estavam há mais tempo disponíveis eram as que ofereciam o horário das 14h00 às 22h00 ou para trabalhar no horário da madrugada e em escala de trabalho.
- Muitas vagas solicitavam disponibilidade para viajar, o que significa a exigência de carteira de habilitação na categoria B.

• BENEFÍCIOS •

- Oferecidos pela maioria das vagas: vale-transporte, vale-refeição ou vale-alimentação e convênio médico.
- Oferecidos em algumas delas, mas que merecem destaque: convênio odontológico, convênios com farmácias, seguro de vida e cesta básica.

outros. Nesses casos são oferecidos contratos por períodos específicos, geralmente de 90 a 180 dias, em regime de pessoa jurídica (PJ).

É importante sempre observar as competências e habilidades que a empresa está exigindo na descrição da vaga. Destaco a seguir algumas delas que considero fundamentais para o desempenho das funções atribuídas ao profissional técnico em segurança e saúde do trabalho: adaptar-se a novas situações; ter atenção aos detalhes; ter vontade de resolver pequenos problemas ou situações de riscos que pareçam insignificantes; ser paciente; ser capaz de lidar com pessoas sem cultura de segurança para conscientizá-las; ter boa didática; ser capaz de realizar sínteses; ter facilidade de pesquisar e levantar dados com o uso de recursos tecnológicos; e saber interpretar projetos técnicos.

Além disso, é sempre bom relembrar que o mercado procura profissionais de segurança e saúde do trabalho que estejam bem-preparados. Portanto, antes de participar de uma dinâmica ou entrevista, busque informações sobre a empresa que está oferecendo a vaga. Procure por dados sobre o ramo de atividade e possíveis riscos nos processos e ambiente de trabalho e pesquise sobre a legislação aplicável naquele segmento. Explore o site da empresa para conhecer sua missão, visão e valores, pois a página oficial pode dizer muito sobre o que empresa entende como prevenção de acidentes, além de trazer um pouco de sua história.

Algumas pessoas podem já possuir algumas das competências e habilidades citadas na análise de perfil de mercado, mas, para outras, haverá a necessidade de desenvolvê-las. Cabe nesse momento uma autoavaliação para saber quais aspectos você precisa melhorar para obter mais sucesso na área, talvez buscando cursos que ajudem nesse desenvolvimento.

4

Medos e inseguranças do início da carreira

Ao assumir a responsabilidade de cuidar da segurança e saúde do trabalho em uma organização, sentimentos de medo e insegurança sempre vão aparecer em todas as vezes que se questionar se você está no caminho certo, se fez as escolhas corretas. Haverá o receio de receber uma auditoria ou um auditor fiscal do trabalho, o medo de algum procedimento não estar correto e acontecer um acidente, de não conseguir dar conta de suas atribuições... Não se preocupe, tudo isso é normal. O medo nos mantém em estado de alerta – a ideia aqui é mostrar que podemos trabalhar esse sentimento para que se torne uma ferramenta que nos auxiliará no desempenho de nossas atividades. Vejamos.

Uma das situações com que os profissionais em segurança e saúde do trabalho mais se deparam é a do colaborador que não costuma cumprir as regras de segurança, não usa os EPIs corretamente e não respeita as sinalizações, alegando que realiza suas atribuições profissionais há muito tempo, que está acostumado a trabalhar assim e que nunca aconteceu um acidente com ele. Esse colaborador continua argumentando que sempre ouviu sobre segurança e que já sabe tudo sobre o assunto. A verdade é que ele "perdeu o medo" e não consegue perceber que está se colocando em risco, porque já se acostumou a trabalhar assim, e, pior, colocando outras pessoas em perigo também. Esse tipo de comportamento é lamentável. Nesse caso, como o medo dos riscos foi perdido, aquele estado de alerta também desapareceu.

REFLEXÃO

O que você faria nesse cenário? Qual seria a melhor forma de reverter esse tipo de comportamento? Reflita ou discuta com os seus colegas, se estiver em sala de aula.

Por exemplo, uma medida possível seria apelar para a conscientização, alertando para a importância da própria segurança e também da segurança dos outros. Se o comportamento persistir, uma nova capacitação se faz necessária, exigindo o uso sob o argumento de procedimento obrigatório e orientando quanto às consequências do não cumprimento. Considero essa ação um último recurso, porque convencer é muito mais eficiente do que obrigar. Quando as pessoas estão convencidas dos benefícios relacionados ao cumprimento das normas para o ambiente de trabalho e para sua saúde, elas as cumprem mais facilmente.

Ainda sobre os medos e receios do início da carreira profissional em segurança e saúde do trabalho, tente ver esses sentimentos como algo que lhe ajuda a se manter em alerta. Encare isso como um comportamento natural, não deixe que lhe prejudique a ponto de querer desistir de estudar ou de assumir uma vaga.

Para administrar o medo e a insegurança, considero importante a avidez nos estudos e a busca por informações, principalmente para conhecer a fundo o processo produtivo e o ambiente de trabalho da organização. Isso ajudará você a desempenhar suas atividades, já que precisará consultar a legislação com frequência e realizar leituras, o que consequentemente melhorará a sua interpretação dos textos, a elaboração e implementação de procedimentos de segurança, documentação, treinamentos, entre outros. A necessidade de se manter em constante atualização controlará esses sentimentos e o deixará em um estado de alerta benéfico.

A acomodação na carreira profissional pode prejudicar o pensamento analítico e a identificação de uma situação de risco, bem como o reconhecimento de erros em procedimentos ou em uma avaliação qualitativa e/ou quantitativa dos agentes danosos à saúde e à integridade física dos colaboradores que estão sob sua responsabilidade. Como resultado, as propostas de medidas de proteção para eliminação, redução ou controle desses riscos serão incompletas ou sem a devida eficácia, o que poderá provocar acidentes, afastamentos, adoecimentos, óbitos e penalidades administrativas, como embargo, interdição, infrações, multas, ações trabalhistas, perdas materiais e de produção.

Pense em uma pessoa que acabou de conseguir sua carteira de habilitação. Nas primeiras vezes em que dirige, ela respeita todas as sinalizações e os limites de velocidade, nunca esquece de dar seta antes de virar, sempre mantém as duas mãos no volante, entre outros cuidados. Com o passar do tempo e conforme adquire experiência, alguns motoristas começam a esquecer que o trânsito é perigoso e vão perdendo aquela atenção que tinham no início. Começam a dirigir só com uma mão no volante, a não respeitar os limites de velocidade e, o pior, a dirigir manuseando telefone celular ou sob efeito de álcool. Isso é triste e perigoso.

Comparo esse caso com a acomodação na carreira profissional. Medo e inseguranças são sentimentos normais que nos afligem toda vez que nos deparamos com algo novo e podem ser trabalhados para se tornarem mecanismos que provocam atenção. Essa inquietação nos ajuda a não cair no marasmo e no comodismo, evitando aquele pensamento temerário de que "eu já sei fazer" – tenha muito cuidado com isso!

Formação continuada

A formação continuada é um processo de capacitação que promove a atualização dos conhecimentos e a ampliação de saberes importantes para o desenvolvimento da profissão.

A figura 5.1 apresenta uma estrutura de possibilidades de formação continuada em segurança e saúde do trabalho, com as qualificações e requisitos mais exigidos pelo mercado.

É muito comum os estudantes questionarem quais qualificações ou aperfeiçoamentos podem realizar em paralelo ao curso técnico em segurança e saúde do trabalho. Sempre respondo que a busca por qualificação e aperfeiçoamento deve ser constante, mas que a escolha sobre o que fazer ou priorizar deve considerar dois fatores importantes.

O primeiro deles é a disponibilidade financeira e de tempo, ou seja, o quanto de recursos financeiros você

QUADRO 5.1
POSSIBILIDADES DE FORMAÇÃO CONTINUADA EM SEGURANÇA E SAÚDE DO TRABALHO

Elaborado por Ancelmo Nascimento e Bruno Moisés Rufino Baptista.

pretende empregar na sua qualificação e o tempo que tem disponível para cumprir a carga horária prevista no programa do curso. Por isso, é muito importante fazer um planejamento levando em consideração o início do curso, os horários disponíveis, se o local das aulas é de fácil acesso, o valor desse investimento e a forma de pagamento. É possível encontrar cursos gratuitos, ou que ofereçam bolsas de estudos. Se você já estiver trabalhando na área, tente pleitear com a empresa algum reembolso, se não total, ao menos de parte dos custos do investimento, sempre destacando o quanto é importante esse aperfeiçoamento não só para você, mas para a organização também.

O segundo fator para a escolha do tipo de qualificação ou aperfeiçoamento é o direcionamento que você pretende dar à sua carreira profissional. Considere o ramo de atividade em que você busca se inserir, aquele em que deseja atuar, e observe o tipo de perfil e as qualificações necessárias para exercer a profissão de segurança e saúde do trabalho no segmento escolhido. Por exemplo, se gostaria de atuar ou se já está atuando no segmento de logística e quer melhorar seu currículo, então avalie a possibilidade de realizar um curso de instrutor de empilhadeira, de ponte rolante, de movimentação de cargas, de trabalho em altura, enfim, cursos que lhe ajudarão a conhecer de forma mais aprofundada e específica a aplicação da segurança na atividade escolhida. Caso esteja trabalhando no segmento da indústria química, um curso de proteção respiratória é muito útil, bem como um sobre a NR-33 – Espaços confinados ou NR-35 – Trabalho em altura, que também podem ser aproveitados em inúmeros ramos de atividades. Você pode até mesmo buscar qualificação para plano de emergência e abandono com base na ABNT NBR 15219/2020, que traz a diretriz nacional que determina o conteúdo mínimo para elaboração de um plano de ação emergencial. Em todos os ramos – na construção civil, nos diversos setores do comércio de produtos e serviços, etc. – existem possibilidades de aperfeiçoamento.

Os dois fatores destacados são dicas para você refletir e ponderar quando pensar em sua qualificação e aperfeiçoamento profissional.

Com base no perfil das vagas com melhores remunerações e condições de trabalho, nota-se que enriquecer o currículo ajuda você a sair na frente em um mercado concorrido. Algumas outras qualificações fazem a diferença, por exemplo, saber inglês. Este é um ponto positivo principalmente para as organizações multinacionais que têm normas e procedimentos internos vindos de outros países, sem contar que os relatórios, as reuniões e as videoconferências poderão ser feitos em outro idioma. Há também cursos que capacitam no uso de ferramentas de gestão de segurança e medicina ocupacional, no gerenciamento de documentos e laudos, no controle de treinamentos, exames, estoque de EPIs; cursos de conhecimentos sobre o eSocial, que tem eventos voltados para a comunicação de acidente do trabalho, monitoramento da saúde do trabalhador e condições ambientais do trabalho – os quais são de responsabilidade do SESMT (Serviços Especializados em Engenharia de Segurança e em Medicina do Trabalho) –, entre outros.

Os cursos de qualificação em higiene ocupacional são sempre úteis para aperfeiçoar seus conhecimentos sobre os procedimentos e práticas de avaliação dos riscos que precisam ser monitorados dentro das empresas, principalmente se você perceber, em seu local de trabalho, algum déficit em determinado conteúdo de higiene ocupacional, como o manuseio de certos equipamentos, a metodologia de avaliação, os critérios e parâmetros de limite, etc.

Existem também os cursos de instrutoria, mas há uma questão que deve ser destacada a respeito desse tipo de qualificação. Além de um certificado, o instrutor precisa também ter a tão famosa proficiência que aparece nas normas regulamentadoras, ou seja, é preciso ter experiência prática, que nem sempre é encontrada nos cursos de instrutoria. Essa recomendação pode ser encontrada nas NRs 33 e 35, que afirmam que os instrutores devem possuir comprovada proficiência no conteúdo que será ministrado.

Mas o que seria proficiência? Vamos pensar mais uma vez no exemplo de uma pessoa que acabou de obter uma carteira de habilitação. Você acredita que essa pessoa passou por todo o processo exigido pelo Código de Trânsito Brasileiro, mas você ficaria confortável em fazer uma viagem como passageiro de São Paulo até Curitiba com uma pessoa recém-habilitada e sem experiência em dirigir em rodovias com fluxo de veículos pesados? Se você respondeu que não se sentiria confortável porque a pessoa não tem experiência, ótimo! Então, você deve questionar a qualidade de um treinamento ao perceber que o instrutor tem a formação necessária, mas sem proficiência no conteúdo ministrado. Não se contente em ter um certificado que habilite você para algo sem ter a experiência prática, isso é um erro. A qualificação para um curso de instrutoria é de grande responsabilidade, afinal, é você quem vai capacitar outros profissionais depois.

Buscar por especializações de nível técnico, como a especialização técnica em segurança e saúde do trabalho na construção civil, em higiene ocupacional e em meio ambiente para técnico em segurança e saúde do trabalho, ajuda quem acabou de se formar a trocar experiências em sala de aula com quem já se formou e com quem já atua na área.

Outra possibilidade é o curso de assistência técnica para perícias de insalubridade e periculosidade. Com essa qualificação, o profissional em segurança e saúde do trabalho acompanhará o perito assistente em um processo de perícia, aprenderá a elaborar pareceres técnicos e a coletar as informações necessárias para o processo de perícia.

Ter conhecimento nos programas do pacote Office também é imprescindível para um profissional em segurança e saúde do trabalho, pois essas ferramentas tornam o desenvolvimento de suas atividades e atribuições mais eficiente e produtivo, facilitando o dia a dia.

Vivemos em uma época totalmente digital, e cada vez mais agilidade e assertividade nas decisões e nos processos são uma habilidade exigida pelo mercado de trabalho, aumentando a concorrência na área de segurança e saúde do trabalho. Por essa razão, tem sido fundamental que o profissional domine os programas que compõem o pacote Office e adquirira habilidades para utilizar os recursos digitais disponíveis. Entre os programas do pacote, destacam-se o Word, para edição de textos e no qual podem ser produzidos diversos documentos; o Excel, para produção de tabelas e gráficos e qualquer outro tipo de documento que trabalhe com fórmulas matemáticas e dados numéricos; e o Power Point, para elaboração de apresentações visuais.

> Muitas instituições oferecem cursos gratuitos de programas do pacote Office, como o Senac São Paulo e a Fundação Bradesco. Vale a pesquisa!

É importante destacar no currículo não só a formação e os cursos de aperfeiçoamento e qualificação, como também o nível de conhecimento e as habilidades. Todos os cursos mencionados possibilitam não só o conhecimento, mas também a ampliação do campo de atuação na área de segurança e saúde do trabalho, principalmente para quem busca novas oportunidades. Mas não se esqueça dos fatores mencionados no início deste capítulo: o planejamento e o que você busca para sua carreira profissional, para que você não tenha frustrações ou impedimentos e para que possa desfrutar dos benefícios que a busca por conhecimento proporciona.

6

Como escolher cursos de qualificação e aperfeiçoamento

É importante destacar que em qualquer curso, seja de formação, qualificação ou aperfeiçoamento, o aproveitamento deve ser de inteira responsabilidade de quem o escolheu. Essa responsabilidade tem de começar desde quando surgem as primeiras intenções de realizar um curso, que levam uma pessoa a fazer uma busca simples sobre informações na internet, passando pela escolha do tipo de curso, da seleção da instituição de ensino, da análise dos custos, da distância da escola, o quanto os conhecimentos que serão adquiridos poderão ser agregadores para a sua carreira profissional, de como será a rotina de estudos e de quanto tempo terá que dispor até a conclusão do curso. Tudo isso precisa ser considerado, pois, até ter o certificado, muitas escolhas e renúncias serão realizadas e os fatores apontados podem ser obstáculos que impedirão a continuidade dos estudos. É o que geralmente acontece em cursos de longa duração, como o técnico em segurança e saúde do trabalho.

Hoje existem inúmeros cursos sendo ofertados na área de segurança e saúde do trabalho, alguns deles com o intuito somente de vender certificados ou diplomas, ao passo que também existem muitos profissionais que buscam somente o certificado por acharem que já sabem de tudo. Pode até ser que esse tipo de profissional saiba mais sobre o assunto por já ter experiência, por já ter passado por uma formação ou qualificação similar, mas todo conteúdo pode ser aproveitado, então tire o máximo proveito da qualificação que você escolheu.

Diante disso, é primordial que qualquer curso que você escolha, tanto na modalidade presencial como na semipresencial, ou mesmo totalmente a distância, seja realizado em uma instituição de referência sobre o assunto. Não procure apenas as que têm um nome no mercado, mas sim as que são referência no conteúdo ministrado. Busque instituições que possam oferecer estrutura de qualidade e recursos que sejam compatíveis com o conteúdo, que ofereçam uma carga horária suficiente para a realização de atividades práticas de forma adequada, assim, você terá uma experiência mais profícua.

No entanto, tão importante quanto analisar a reputação e a estrutura da instituição de ensino é verificar a capacitação e a habilitação do responsável pelo conteúdo que será ministrado, por isso, pesquise sobre as experiências, a proficiência – que muitas normas exigem do profissional responsável pelo treinamento – e a formação do instrutor, e procure por seu currículo para certificar-se de que vai receber uma qualificação adequada.

Dê preferência a cursos que ofereçam uma boa carga horária de atividades práticas; faça uma análise do conteúdo para ter certeza de que o curso está à altura de suas expectativas e se a carga horária é compatível com o conteúdo programático, atendendo o mínimo que a legislação aplicável determina de carga horária teórica e prática. E não pare aí: se possível, busque referências com pessoas que já realizaram o curso, converse com elas sobre a estrutura, se quem ministrou as aulas realmente conseguiu transmitir o conteúdo, peça para ver os materiais didáticos, se houver, e pergunte se a experiência delas com o curso foi conforme o esperado. Essas informações poderão ser úteis e ajudar você a sanar suas dúvidas e a compreender a dinâmica do curso.

Atualmente, são muitas as modalidades de cursos que atendem à rotina dos estudantes e às necessidades do mercado em ter profissionais com mais competências e habilidades. No entanto, é preciso ter cuidado com os cursos oferecidos totalmente a distância, porque você pode necessitar de aulas práticas por exigência das normas, e isso pode não ser possível nesse tipo de modalidade. Para cursos cujo conteúdo é totalmente teórico, esse tipo de modalidade de ensino pode ser uma boa opção, principalmente para quem busca a qualificação, mas que, por conta da correria do dia a dia, não consegue participar das aulas presencialmente. Os cursos na modalidade a distância demandam uma disciplina muito rígida para o estudo. Se possível, escolha cursos que ofereçam mentoria, para que você consiga tirar as dúvidas de imediato. Se você é uma pessoa que não tem a motivação e a disciplina para aprender a distância, essa modalidade não é a ideal, porque será mais um certificado sem aproveitamento do conteúdo. Além disso, são necessários recursos como computador e acesso à internet, e é preciso também estabelecer um tempo específico e preparar um espaço confortável para estudar, como se estivesse estudando presencialmente – tudo isso deve ser ponderado por quem escolhe o aprendizado na modalidade a distância.

Cursos particulares ou personalizados são uma ótima opção para quem busca algo específico para o currículo, por exemplo, para aprendizado ou aperfeiçoamento de técnicas em nós em cordas, práticas de resgate em espaços confinados ou avaliação de agentes ocupacionais conforme as Normas de Higiene Ocupacional (NHO). Ao considerar essa possibilidade, é fundamental procurar um especialista no assunto, lembrando das dicas sobre a formação do instrutor passadas anteriormente. Outra questão é que, por ser algo personalizado, os valores podem ficar altos; uma alternativa é buscar outros colegas com os mesmos interesses e necessidades para dividir as despesas. Será preciso também estabelecer o conteúdo e a carga horária adequada. A desvantagem é que esse tipo de aperfeiçoamento talvez não possa dar uma certificação, mas certamente complementará uma lacuna de conteúdo e ajudará em sua proficiência.

Mais dicas relacionadas ao aperfeiçoamento: participe de workshops, ouça podcasts, assista a lives de especialistas da área, pesquise por cursos gratuitos oferecidos por empresas ou pelo governo. Participar de eventos e ouvir outros profissionais amplia os conhecimentos e mantém você em constante atualização. Atente-se, porém, às datas de postagem de conteúdos digitais, pois uma norma ou lei pode ter perdido a validade no momento em que você estiver acessando o material.

Por fim, para qualquer curso que deseje fazer ou obter qualificação, lembre-se sempre de planejar seu tempo e seu investimento, para que os conteúdos possam ser absorvidos apropriadamente e para que você tenha um aproveitamento de qualidade.

7

Expectativa × realidade: o que os alunos procuram no curso e o que realmente vão encontrar

Em minha experiência em sala de aula, trabalhei com diversos planos de cursos – todos obviamente baseados em diretrizes do Ministério da Educação (MEC) e na legislação de segurança e saúde do trabalho, além de outras instruções técnicas pertinentes, como as do corpo de bombeiros dos estados. No entanto, posso afirmar que entre a legislação e a aplicação dela no dia a dia existe uma lacuna grande. Esse cenário é lamentável, mas o pulo do gato para um bom profissional é saber aplicar o que pede a legislação, mesmo diante de adversidades.

É muito importante que o estudante compreenda que o certo é aplicar o que preconiza a legislação, nada de aprender um jeitinho ou querer brevidade nos processos, principalmente no seu aprendizado. Quem já está atuando ou tendo suas experiências na área já deve ter percebido que as expectativas diferem muito da realidade. Esse entendimento também ajudará a diminuir e a controlar os sentimentos de insegurança abordados anteriormente.

Sabemos que a cultura de segurança e saúde do trabalho nem sempre é prioridade ou até mesmo existe em muitas organizações, e se existe não é difundida ou aplicada, para o desespero dos profissionais e estudantes da área. Nessas empresas, essa disparidade entre expectativa e realidade é ainda mais acentuada.

A expectativa de quem é recém-formado ou está cursando o técnico e anseia por uma oportunidade é de poder atuar em uma empresa e conseguir elaborar e implementar todos os procedimentos de segurança, ver todos os colaboradores praticando a prevenção de acidentes e que os gestores acatem todas as recomendações propostas. Lamento dizer que nem sempre esses desejos serão atendidos. Atribuo o meu lamento à falta de cultura prevencionista ou então à aceitação de apenas parte dessa cultura quando convém para os responsáveis pela empresa.

Mas toda a base para enfrentar essa realidade é justamente o conteúdo dos planos de aula das instituições de ensino. Somam-se a isso as experiências trazidas para a sala de aula pelos docentes do curso. Portanto, a dica para os alunos é: explore ao máximo a experiência dos docentes, pergunte, sane dúvidas, troque conhecimentos com os colegas e aproveite ao máximo o que os cursos podem oferecer. Assim, suas expectativas estarão mais próximas da realidade.

Criatividade: uma ferramenta profissional

Para desenvolver bem a função de técnico em segurança e saúde do trabalho, uma competência se destaca entre os requisitos exigidos dos profissionais: a criatividade.

Com criatividade, um profissional consegue promover a qualidade de vida no ambiente de trabalho, algo importante para a manutenção da saúde de todos. Associada a uma boa comunicação, é possível orbitar por todos os setores de forma harmoniosa e ter sucesso ao convencer gestores e responsáveis da importância da segurança.

A criatividade é um dos aspectos que o mercado de trabalho mais aprecia na hora de contratar um profissional em segurança e saúde do trabalho, afinal, é com criatividade que esse profissional saberá lidar com situações difíceis do dia a dia, sempre com uma solução mais adequada e assertiva, mesmo com poucos recursos e colaboração dos envolvidos.

A Semana Interna de Prevenção de Acidentes do Trabalho (SIPAT), evento anual e obrigatório por lei, é uma boa oportunidade de praticar a criatividade, pois é muito comum ter pouca ou nenhuma verba para sua execução. Então, pedir brindes ou convidar especialistas para falar sobre determinados assuntos é uma saída; buscar parcerias com colegas de outras empresas e pedir para que façam uma palestra na programação da sua SIPAT e depois você fazer para eles; usar jogos on-line como cruzadinhas e caça-palavras ajudam a disseminar a cultura de segurança e todos podem participar pelo celular.

Outra chance de exercitar a criatividade é na elaboração de treinamentos e orientações de segurança para os colaboradores; como muitas dessas ações são repetidas, devem ser realizadas de forma criativa para não se tornarem monótonas. Em orientações como o Diálogo Diário de Segurança (DDS), convidar outros colaboradores para realizá-las ajuda a dinamizar o processo, além de trazer perspectivas diferentes sobre um mesmo assunto.

É muito importante para você que está estudando ou atuando na área de segurança e saúde do trabalho usar a criatividade para tentar resolver conflitos que aparecem no cotidiano. Por exemplo, como convencer os colaboradores, principalmente os mais antigos, da obrigação do uso de EPI?

Bem, para esse tipo de situação, a NR-6 – Equipamento de proteção individual por si só já deveria ser fator determinante para que os colaboradores os usassem de forma adequada, e, para os profissionais de segurança e saúde do trabalho, cobrar o uso é uma tarefa recorrente e, às vezes, até desagradável. Então, a criatividade pode entrar em cena para ajudar o profissional técnico a demonstrar para os colaboradores que o uso dos EPIs é fundamental não só para que a organização atenda à lei, mas para a própria segurança deles e o bem-estar de sua família. Certa vez, vi em uma empresa fotos dos familiares dos colaboradores usando EPIs; em outra vi frases estampadas nas paredes escritas pelos filhos alertando sobre os cuidados para segurança – nessas duas empresas, observei que nenhum dos colaboradores estava sem o EPI ou usando-o de forma inadequada.

Seja criativo também quando precisar pleitear recursos tecnológicos, mostrando aos gestores indicadores ou exemplos de outras empresas que já os adotaram, o quanto estão ganhando em eficiência e produtividade ou o que pode ser melhorado na gestão de documentos.

8.1 PARTICIPAR DE JOGOS AJUDA A PRATICAR OS CONHECIMENTOS

Os jogos são uma forma criativa de fixar conhecimentos e podem ser usados em diversas situações. São atividades desafiadoras, que podem inclusive simular situações reais; por isso, engajar-se neles é uma forma de se colocar à prova, de testar seus conhecimentos e reconhecer suas limitações.

Pense neles como aliados em sua formação e também em sua atuação profissional, quando desejar, por exemplo, que os colaboradores da empresa onde você trabalha como técnico em segurança e saúde do trabalho revejam alguns conceitos importantes relacionados a uma determinada norma, ou quando precisar ministrar um treinamento ou reforçar alguma boa prática. Eles podem te auxiliar a engajar as pessoas e deixá-las motivadas a aplicar no dia a dia o que vivenciaram enquanto jogavam.

Sempre gostei de desafios na minha vida pessoal e isso não seria diferente na profissional. Foram exatamente os desafios que motivaram, e ainda motivam, meus aprendizados e formações. Por isso, inseri a metodologia de jogos no processo de ensino-aprendizagem dos meus alunos como forma de testarem seus conhecimentos, habilidades, atitudes e valores.

Uma boa ferramenta que utilizo em sala de aula para realizar uma integração, atividade ou até mesmo uma avaliação é o Kahoot!, uma plataforma de criação de jogos de aprendizagem. Com ele, podem ser criadas questões de múltipla escolha, que podem ser enriquecidas com imagens ou vídeos, contribuindo para um envolvimento mais participativo. As perguntas de múltipla escola são apresentadas e os estudantes devem escolher a resposta correta em seus celulares e tablets. Ao final, os resultados são exibidos em tempo real após cada teste.

Ao realizar o aprendizado com jogos, percebo que, em um primeiro momento, os alunos podem até ficar um pouco desanimados e reticentes, mas, quando começam a jogar, percebem que têm o conhecimento necessário, e é aí que começa a "brincadeira do aprendizado". Para resolver uma ou mais situações que os jogos propõem, os estudantes fazem um exercício de revisitar o conhecimento técnico, as habilidades e os valores adquiridos.

Com base em minha experiência em sala de aula, elaborei alguns jogos para meus alunos, os quais serão apresentados a seguir para que você também possa testar seus conhecimentos, além de se divertir. O primeiro deles é o jogo de tabuleiro *Plano de abandono de área* (figura 8.1). Apesar de abordar um conhecimento específico, o jogo vai demandar das equipes um trabalho em grupo e também a comunicação entre os membros. Não podemos nos esquecer de que o jogo também vai exigir de todos os participantes o conhecimento técnico em prevenção de combate a incêndio.

O jogo de tabuleiro aborda conceitos relacionados ao plano de abandono, simbologias técnicas e sinalização de emergência, conforme as Instruções Técnicas do Corpo de Bombeiros da Polícia Militar do Estado de São Paulo, do Decreto Estadual nº 63.911, de 10 de dezembro de 2018, que regulamenta a segurança contra incêndios das edificações e áreas de risco no estado de São Paulo, nos termos da Lei Complementar nº 1.257, de 6 de janeiro de 2015. Testa também os conhecimentos sobre equipamentos e dispositivos de combate a incêndio, classe de incêndio, forma de propagação e extinção do fogo, entre outros, e ainda traz um pouco do histórico de grandes incêndios que marcaram o país.

Ganha o jogo a equipe que levar primeiro todos os ocupantes ao ponto de encontro, mas, do ponto de vista pedagógico, não importa quem ganhar.

Confesso que todas as vezes que realizo essa atividade tenho que controlar os ânimos, mesmo que no início alguns alunos tenham ficado um pouco indiferentes. Ao longo da partida, o espírito de competitividade vai aflorando e contagiando, mas, no fim, todos saem vencedores. Você pode encontrar o jogo completo no anexo deste livro.

Outro jogo muito útil para exercitar os conhecimentos é a cruzadinha. A cruzadinha da figura 8.2 trata especificamente sobre a Comissão Interna de Prevenção de Acidentes e de Assédio (CIPA). A regra é simples: as perguntas devem ser respondidas com palavras que tenham a quantidade exata de letras informadas e que se encaixem umas nas outras. Todas as perguntas estão relacionadas à NR-5 e a suas aplicações.

Cruzadinhas e caça-palavras podem ser aplicados em treinamentos diversos, como o de NR-35 – Trabalho em altura, NR-5 – CIPA, NR-33 – Espaços confinados, treinamentos de brigada de incêndio, entre outros temas, para os funcionários de uma empresa como uma forma de avaliação. Também podem ser adotados na SIPAT como um modo de testar conhecimentos e estimular a participação de todos.

FIGURA 8.1.
JOGO DE TABULEIRO
PLANO DE ABANDONO DE ÁREA

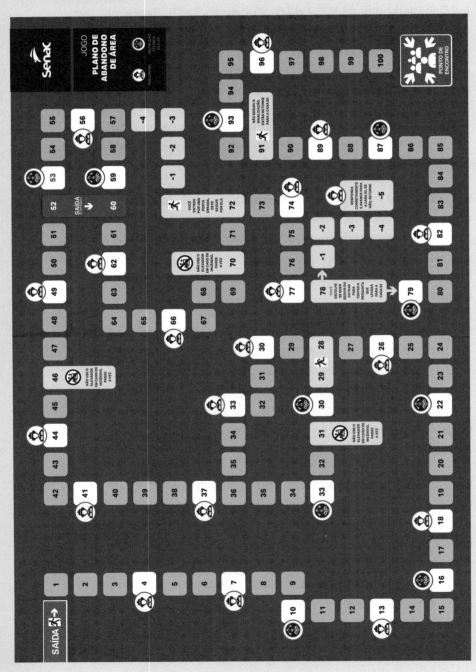

FIGURA 8.2. CRUZADINHA CIPA E NR-5

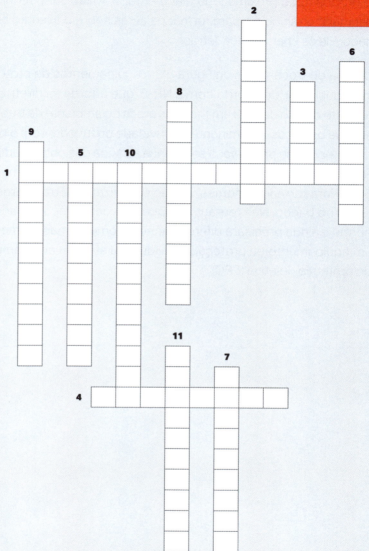

1. A CIPA é composta por...
2. O objetivo da CIPA é...
3. Semana voltada para a conscientização e prevenção de acidentes.
4. Acontece pelo menos uma vez por mês na CIPA.
5. Representante do empregador na composição da CIPA.
6. Ação feita para identificação dos riscos.
7. Responsabilidade da CIPA quanto ao PGR.
8. Atribuição da CIPA.
9. Pré-requisito para participar da CIPA.
10. Concedida aos eleitos da CIPA.
11. Acontece 60 dias antes do término de um mandato.

>> 59

O propósito do próximo jogo é aumentar o vocabulário técnico e estimular o raciocínio para formar palavras sobre o assunto abordado. Ele se chama troca-letras.

O tema do troca-letras da figura 8.3 é equipamentos de proteção individual (EPI), de acordo com a NR-6, que aborda as diretrizes a respeito do uso de EPIs em todas as áreas do ambiente de trabalho em que os riscos são iminentes à atividade ou função, com o objetivo principal de preservar a segurança e saúde dos colaboradores. No troca-letras, o quadro deverá ser preenchido com nomes de EPIs. Para formar os nomes, é preciso utilizar as letras apresentadas no banco. Nas tentativas, você vai acabar recapitulando a norma e ainda precisará diferenciar se o nome formado é mesmo um equipamento de proteção individual ou se é um equipamento de proteção coletiva (EPC).

FIGURA 8.3.
TROCA-LETRAS EPIs E NR-6

Conforme a NR-6, subitem 6.3.1, considera-se EPI o "dispositivo ou produto de uso individual utilizado pelo trabalhador, concebido e fabricado para oferecer proteção contra os riscos ocupacionais existentes no ambiente de trabalho, conforme previsto no Anexo I da NR".

Utilizando as letras destacadas no quadro a seguir, complete o quadro com nomes de EPIs. As letras poderão se repetir.

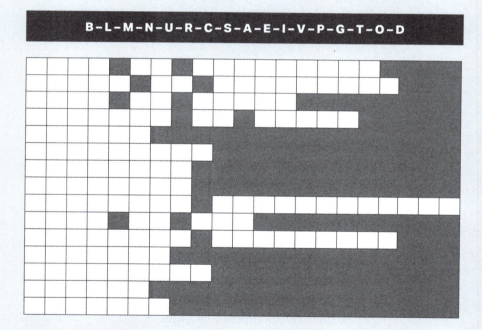

São diversos os jogos que podem estimular as habilidades de estudantes e profissionais em segurança e saúde do trabalho. Também é possível encontrar versões on-line e aplicativos de jogos disponibilizados por produtores de conteúdo. Reforço que a aplicação de jogos promove resultados positivos porque por meio deles o conhecimento é disseminado de forma criativa e divertida. Além disso, facilitam relembrar os conhecimentos e praticar as atualizações necessárias do dia a dia. Use essa ferramenta a seu favor.

Provocar desafios para os futuros profissionais em segurança e saúde do trabalho é o que eu mais procuro fazer como professor porque sei que essa área é repleta de desafios diários, e o teste de conhecimento é constante.

8.2 PRATICANDO COM ESTUDOS DE CASOS

O estudo de caso, conhecido também como *case*, é uma ferramenta importante para a formação dos estudantes. Nesse tipo de atividade, é feita uma pesquisa sobre um determinado assunto, sendo necessário o aprofundamento dos conhecimentos sobre o caso para a tomada de decisão. Além disso, o estudo de caso possibilita o aperfeiçoamento de técnicas de análise que poderão ser aplicadas na vida profissional.

É também imprescindível para quem já se formou. Por exemplo, quem não teve experiências na área de segurança e saúde do trabalho, logo no início da carreira, precisará estudar situações-problema semelhantes às da empresa para a qual foi contratado para que possa tomar decisões mais assertivas; e quem já atua na área, mas pretende mudar de ramo de atividade, como um profissional com experiência na construção civil que migra para a indústria química, deverá buscar informações sobre as possíveis situações de perigo e sobre os riscos presentes no processo.

Essa prática é fundamental para o aprendizado, principalmente para situações que não são acessíveis. É o caso dos estudantes da capital ou do interior que não têm a oportunidade de conhecer os perigos e riscos de uma área portuária, e vice-versa, bem como estudantes do litoral podem ter dificuldades de explorar processos que envolvam áreas agrícolas. O estudo de caso serve para levar os estudantes para uma realidade fora do comum ou restrita relacionada a um co-nhecimento específico, mas que faz parte de sua formação.

Para uma boa prática, o estudo de caso pode ser proposto pelos professores ou os próprios alunos poderão utilizar essa metodolo-gia para desenvolver suas habilidades e conhecimentos buscando situações-problema para determinar as resoluções mais assertivas, de forma individual ou em grupo.

Destaco algumas etapas que considero importantes para a realiza-ção de um bom estudo de caso, no qual poderão ser aplicados os conhecimentos técnicos e científicos para resolução do problema:

> **Identificação da situação-problema:** busca pelo máximo de informações para determinar qual é a principal situação-problema do estudo de caso.

> **Área de estudo:** delimitação de qual será o campo de estudo para não fugir da situação-problema, por exemplo: informar qual o risco e o perigo analisados; descrever de forma deta-lhada: a atividade ou o serviço desenvolvido; as máquinas; os equipamentos envolvidos no processo e as características do ambiente de trabalho, para encontrar as causas variáveis da situação-problema; e, por fim, registrar os dados encontrados.

> **Análise do estudo de caso:** interpretação das informações coletadas sobre a situação-problema.

> **Solução:** apresentação da solução para o problema levantado. É nesse momento que sua decisão é avaliada – se houver qualquer falha nos processos anteriores, a tomada de decisão não será assertiva.

Seguindo essas etapas, os estudantes conseguem desenvolver uma atividade que explorará seus conhecimentos e que ajudará em sua formação. Dê preferência para situações reais de empresas ou atividades para explorar e elaborar seu estudo de caso, assim, a resolução estará mais próxima da realidade.

Aprendizagem em grupo

Quando realizamos atividades em grupo, exercitamos, além do objetivo da atividade, a capacidade de debate e diálogo. Essas práticas nos fazem ter contato com opiniões, pontos de vista e experiências diversas, o que é muito enriquecedor.

O trabalho em grupo também quebra muitas barreiras pessoais que os membros podem ter, como a timidez, e oferece a possibilidade de desenvolver habilidades como exteriorização de ideias de forma técnica, mediação de conflitos, negociação, administração de tempo, delegação de tarefas, a persuasão e a aquisição de novos conhecimentos.

Mas talvez a grande vantagem do trabalho em grupo seja a compreensão de que um profissional em segurança e saúde do trabalho não consegue ter êxito realizando suas atividades sozinho. Eu sempre digo em treinamentos e também em sala de aula: "a segurança é feita por todos os envolvidos no processo".

Nada adianta você implementar procedimentos de segurança em uma empresa se os colaboradores não os cumprirem. Ou seja, você criou algo para todos e terá o trabalho de convencê-los a segui-lo. O trabalho em grupo pode criar várias situações semelhantes às que podem se desenrolar no dia a dia dos profissionais de segurança, então não fuja deles.

Eu também sei que realizar trabalho em grupo pode gerar uma série de dores de cabeça, primeiro porque você pode formar grupos com pessoas que não te agradem ou que você não conhece tão bem, mas, na vida profissional, também não escolhemos com quem vamos trabalhar. Pode acontecer também de você estar em um grupo com colegas que não estão comprometidos, que deixam suas tarefas para última hora ou nem a fazem, e aí você acaba tendo que fazer a sua parte e a dos outros. E há ainda os que estão mais dispostos a encontrar defeitos do que propor soluções.

Posso ficar citando várias situações que impediriam o desenvolvimento do trabalho, mas elas não seriam em nada diferentes do que acontece no mercado de trabalho. Mas quem disse que essas situações não nos fazem crescer? Ao passarmos por elas, podemos nos tornar mais resilientes, pacientes, flexíveis e mediadores, e nos comunicar de forma mais assertiva, porém sem deixar de ouvir e entender o outro.

Todas essas situações são de ganho para a aprendizagem, mesmo que sejam estressantes às vezes, o que não difere da atuação na área. Em alguns ambientes de trabalho, você terá de lidar com pessoas com experiências e interesses pessoais e profissionais totalmente diferente dos seus, assim como lidará com um processo de trabalho que oferece muitos riscos para todos, tendo a obrigação de implementar o que está sendo remunerado para fazer.

Procure trabalhar e resolver conflitos nas atividades em grupo, encontre sua melhor forma de lidar com as contradições, porque, no mercado de trabalho, você enfrentará situações parecidas e encontrará pessoas sem interesse, sem conhecimento ou cultura em prevenção de acidente, e não poderá escolher as pessoas com quem gostaria de trabalhar. A sala de aula é um ambiente de muito aprendizado, não somente técnico, mas também de relacionamento, comunicação, compreensão, entre outras habilidades que serão muito importantes para o seu desempenho profissional, por isso, você deve estar aberto para aprender e entender que tudo isso também faz parte da sua formação.

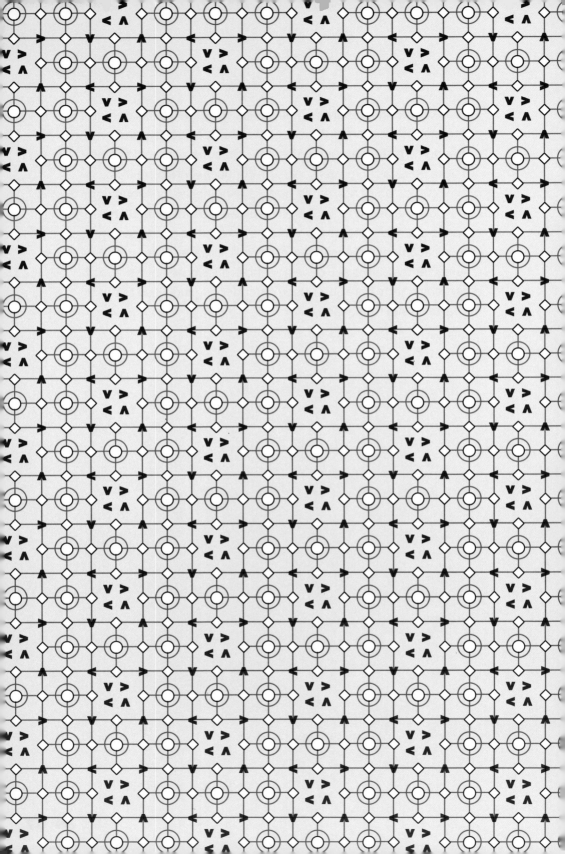

Desafios

10.1 EM SALA DE AULA

Enquanto ainda realizam os seus estudos, os futuros técnicos em segurança e saúde do trabalho já começam a se dar conta das responsabilidades que terão no cotidiano no exercício da função. São inúmeros os procedimentos que devem ser aplicados, bem como as NRs, decretos e leis que deverão ser seguidos no ambiente de trabalho, sem mencionar as dificuldades que serão impostas por gestores sem muito interesse em prevenção de acidentes e colaboradores sem a cultura de segurança.

Mesmo estando cientes desse cenário, há estudantes que dispensam os desafios de uma atividade prática; dispensam os desafios de se testarem em público ao fazerem uma apresentação; terceirizam sua responsabilidade com o receio de errar ou pensam em não fazer as atividades porque preferem esperar se formar e aprender na prática. Esse tipo de comportamento ou pensamento é triste, pois a hora de errar, de acertar e de testar os conhecimentos é em sala de aula; é lá que você vai poder contar com o apoio dos colegas e com a presença do professor, que poderá orientá-lo e apontar os aspectos que deverão ser melhorados.

Um erro em sala de aula pode ter como resultado uma nota baixa e gerar frustações, retrabalho, ou ainda uma reprovação. Já um erro no exercício da função pode ter consequências calamitosas e graves, desde notificações de infração a incidentes com danos materiais ou humanos, como um acidente que provoque lesões ou até mesmo a morte de um colaborador.

É por isso que você deve testar seus limites em sala de aula, desafiando-se para saber até onde pode chegar e melhorar como futuro profissional em segurança e saúde do trabalho. Não fique com dúvidas e não deixe que a timidez atrapalhe sua formação.

Tenho muitos retornos de estudantes que se formaram e já estão trabalhando dizendo o quanto as experiências práticas e a vivência em sala de aula os ajudaram no desenvolvimento de suas atuais atribuições. Também ouço relatos de outros que se destacaram em processos seletivos porque falaram bem em público, souberam resolver as situações propostas e estavam atentos às atualizações das normas graças a conhecimentos adquiridos em sala de aula.

Todos esses retornos de alunos e alunas só corroboram o quanto é importante se testar e se provar, ter participação total nas atividades em sala de aula e enfrentar os desafios propostos para seu crescimento, pois ao longo da sua trajetória você terá de lidar com muitos deles. Você já aceitou o primeiro e o maior de todos, que foi começar o curso técnico; agora, deve continuar perseverando para que possa se tornar um profissional preparado para as oportunidades do mercado.

10.2 PARA A CONCLUSÃO DO CURSO

Anteriormente, foi abordada a questão do planejamento em relação à escolha e realização de um curso. Mesmo que você tenha cumprido esse processo com muito cuidado, isso não garantirá que obstáculos não aparecerão. Podem surgir questões financeiras, como a perda do emprego ou uma mudança de turnos na empresa em que você trabalha, que o façam abdicar seja de sua formação, para buscar uma nova fonte de renda, seja de seu tempo de descanso, para poder continuar os estudos. É possível que surjam ainda questões de saúde, próprias ou de entes queridos, que necessitem de sua atenção. Vejo também muitos estudantes que desistem ou têm vontade de abandonar o curso pois não encontram o apoio necessário entre pessoas próximas, além de outros motivos.

Poderia citar diversos exemplos de estudantes que teriam razões mais que suficientes para desistirem de seus sonhos, mas essas pessoas persistiram mesmo com desafios pessoais e acadêmicos e hoje atuam na área com muito sucesso. São alunos e alunas que não pararam na formação técnica e buscaram a graduação em engenharia e uma pós-graduação, conseguindo se tornar engenheiros e engenheiras de segurança e saúde do trabalho. Imagine se alguma dessas pessoas tivesse parado no primeiro desafio?

Acredito que, em tudo que se faça profissionalmente ou academicamente, vários obstáculos surgirão, mas o planejamento, a disciplina e a perseverança ajudam a superá-los. Em sala de aula, você deve identificar quais deles estão impedindo você de continuar o curso. Quando identificá-los, você deverá pensar em um plano de ação para eliminá-los, reduzi-los ou controlá-los.

Na área de segurança e saúde do trabalho, por haver assuntos técnicos que exigem muita leitura e interpretação de textos, geralmente com uma linguagem pouco utilizada pelas pessoas no dia a dia, é natural que surja o questionamento de ter tomado a decisão certa-quanto a carreira, e esse tipo de pensamento aumenta ainda mais com tantas atualizações de normas. Docentes, professores e mesmo profissionais com anos de experiência também têm esse tipo de sentimento. Todos os envolvidos e atuantes na área precisam se atualizar com as novas normas, procedimentos e tecnologias aplicáveis na segurança e saúde do trabalho. Há também a necessidade constante de interpretação e de busca por informações e conhecimentos quando os profissionais precisam atuar em um ramo totalmente diferente, ministrar um assunto novo ou utilizar novas metodologias em sala de aula.

Esse tipo de dificuldade deve ser encarado com naturalidade e não ser tomado como um obstáculo que te impedirá de dar continuidade ao seu sonho. Anteriormente, foi mencionado que os obstáculos devem ser identificados, de modo que você possa entrar com um plano de ação para superá-los. Então, se não entender uma leitura de um texto técnico, leia novamente; se a dúvida persistir, peça ajuda aos docentes; tire suas dúvidas na hora em que surgirem e sem medo de achar que está sendo inconveniente – se não puder fazer isso na hora, anote-as e busque solucioná-las posteriormente; e não deixe de realizar os exercícios teóricos e práticos, pois eles ajudam a assimilar melhor o conteúdo. Seus colegas também podem te ajudar: às vezes, a dificuldade de um também é a do outro, assim todos podem discutir, debater, buscar informações complementares e até mesmo trocar experiências profissionais ou pessoais que possam contribuir para a solução do problema. E se estiver entendendo o assunto ou tendo uma interpretação que melhore a compreensão da norma ou texto técnico, compartilhe-a e ofereça ajuda para o outro – essa também é uma forma de fixar e ampliar seu conhecimento.

Certa vez, em sala de aula, ao aplicar uma atividade para realização em duplas, um aluno me chamou e pediu para que eu explicasse para o seu colega, que havia faltado no dia anterior, como fazer a atividade.

Antes mesmo de eu começar, o aluno que faltou perguntou se seu colega havia comparecido à aula passada. Para minha surpresa, depois de afirmar que sim, ele então pediu que seu colega lhe explicasse o conteúdo, afinal, se ele estava presente, ele teria ouvido instruções e teria condições de explicar. Observei a explicação do colega, e confesso que não a teria feito tão bem. Presenciei uma atitude muito rica em termos pedagógicos, pois ao passo que ele transmitiu o conteúdo para o colega, também conseguiu fixar seus conhecimentos sobre o assunto.

Paulo Freire, patrono da educação brasileira, afirma que o professor deve assumir o papel de um mediador e que os estudantes devem ser os protagonistas de seu aprendizado. Por essa razão, procuro incentivar isso nos meus alunos. "Quem ensina aprende ao ensinar e quem aprende ensina ao aprender. Quem ensina, ensina alguma coisa a alguém" (Freire, 1996, p. 12).

As parcerias criadas em sala de aula são positivas porque delas vêm o compartilhamento e o ganho de conhecimento, o apoio em momentos mais difíceis e até inspiração para não desistir e continuar. Pensando no futuro, das boas parcerias surgem também as oportunidades profissionais. Mas e aquela pessoa que não é parceira e que atrapalha ou dificulta a aula ou uma atividade em grupo? Seria muito bom e bem mais fácil estudar ou trabalhar com pessoas de que gostamos ou com quem temos uma relação saudável. Nem sempre é assim, mas também aprendemos muito com essas pessoas, crescemos como seres humanos, estudantes e profissionais, porque com elas temos que aprender a mediar conflitos. Lidar com pessoas que pensam e agem diferente de você, de certa forma, te desafia a fazer melhor. Para tanto, é importante destacar que a sua formação e atuação na área dependem exclusivamente de você, mas quando esse tipo de situação aparece em sua trajetória acadêmica ou profissional, você deve extrair o máximo que puder delas, agregando experiências ao seu sucesso.

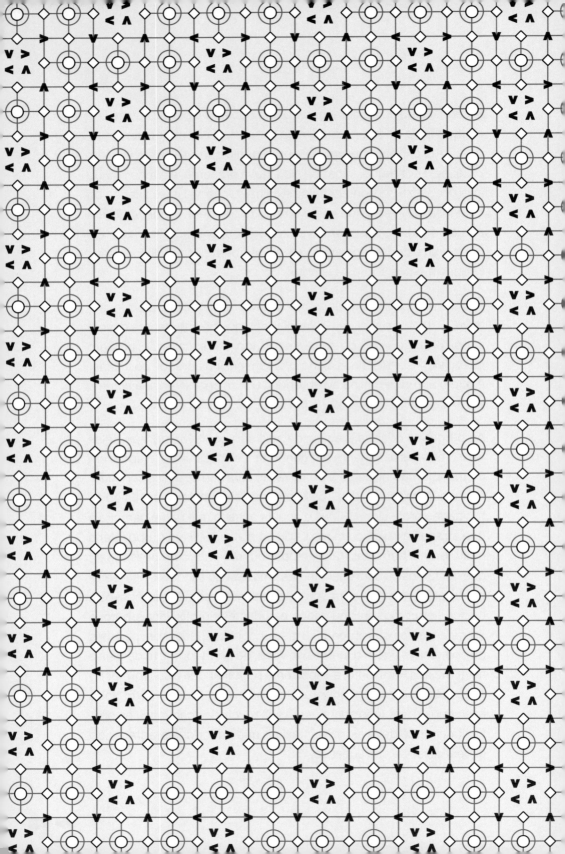

Networking e encaminhamento profissional

Vamos começar este capítulo com uma definição simples de networking. Segundo a Wikipédia ([s. d.], tradução nossa), trata-se do:

> [...] compartilhamento de informações ou serviços entre pessoas, empresas ou grupos. É também uma maneira de os indivíduos aumentarem seus relacionamentos em seu trabalho ou negócio. Como resultado, conexões ou uma rede podem ser construídas, sendo úteis para indivíduos em suas vidas profissionais ou pessoais. Networking ajuda a construir relacionamentos significativos que são benéficos para todas as partes envolvidas na troca de informações e serviços. A conquista de novos conhecidos de negócios significativos pode ser feita por meio de reuniões de networking, mídia social, networking pessoal e networking de negócios.

As trocas de informações e experiências sempre começam em sala de aula, em discussões e trabalhos em grupo. Na área de segurança e saúde do trabalho, a troca de experiências é também uma forma de melhorar a percepção de riscos. É na sala de aula que temos os primeiros contatos com futuros profissionais em segurança e saúde do trabalho, e pode ser que ao seu lado esteja a pessoa que lhe dará sua primeira oportunidade de emprego, ou você será a pessoa que dará oportunidades a outras. Vale destacar que, para que seu colega de sala possa se lembrar de você em uma futura oportunidade de emprego em que ele poderá indicar um candidato, a forma como você leva ou levou a sua formação será fundamental para que essa pessoa possa pensar em você como uma potencial indicação, seja por que durante o curso você se destacou pelas suas habilidades, ou por um bom trabalho em grupo, ou por seus conhecimentos técnicos. Você indicaria ou contrataria aquela pessoa que você percebeu que não levou a sério a própria formação?

Oriento sempre os estudantes a falar para todos os conhecidos que estão cursando o curso técnico em segurança e saúde do trabalho e a entrar em contato com profissionais atuantes para informar o término do curso e já se colocar à disposição deles. Use as redes sociais para divulgar seu curso e as atividades realizadas, demonstrando assim suas habilidades, principalmente as práticas.

Atualmente, o networking acontece muito pelas redes sociais. Entre as existentes, o LinkedIn é específico para conexões de trabalho. Nele, você pode aumentar sua rede de contatos com profissionais que já atuam no mercado de trabalho. Além disso, é possível acrescentar suas realizações e aprendizados durante o curso no LinkedIn e divulgá-las de modo mais eficiente do que em um currículo tradicional. Outra vantagem é que seu perfil pode ser visualizado por muitas pessoas e empresas, próximas ou de outras cidades e estados. É uma ferramenta muito útil, por isso, se você ainda não tiver um perfil, abra uma conta; caso já o utilize, mantenha sempre as informações atualizadas e alimente o perfil com atividades desenvolvidas por você.

Mas ainda acho que o velho e trabalhoso bater de porta em porta tem seu valor, por isso, também indico que, se possível, envie diretamente o seu currículo para empresas onde gostaria de trabalhar ou entre em contato com algum profissional atuante que você conhece ou conheceu e pergunte sobre oportunidades como estagiário ou auxiliar. Isso pode ser feito em vários segmentos, desde construção civil a consultorias e assessorias da área. É sempre bom pegar o contato dos profissionais da área em segurança e saúde do trabalho em uma visita técnica da turma a uma empresa, assim você pode demonstrar suas habilidades e conhecimentos realizando perguntas e contribuindo durante a visita com supervisão dos profissionais.

Se você já se formou e ainda não conseguiu entrar no mercado, não desista! Só você sabe o quanto foi trabalhoso, cansativo e custoso finalizar um curso técnico. Muitos vão dizer que a área está saturada e que é difícil de entrar, mas, se está tão saturada e difícil, como podem ter inúmeras vagas ainda disponíveis e de diversos perfis, com ou sem experiência e em ramos de atividades variados? Até conseguir a primeira oportunidade, busque qualificações com as dicas dos capítulos anteriores, isso ajudará você a se manter atualizado para o mercado.

Ainda citando ferramentas para aumentar a rede de contatos, busque por grupos de WhatsApp que tenham profissionais em segurança e saúde do trabalho. Nesses grupos, além da troca de informações, sempre são divulgadas vagas de estágio, auxiliares técnicos e de técnico em segurança e saúde do trabalho. E se eventualmente você souber de uma vaga e por algum motivo não puder participar do processo seletivo, repasse a oportunidade para seus colegas. Pode ser que esta não seja a sua oportunidade, mas ela vai chegar.

Feiras, exposições e encontros temáticos, presenciais ou remotos, também são uma boa oportunidade de conseguir contatos para os estudantes ou recém-formados. Nos eventos presenciais, você poderá falar com profissionais e empresas sobre suas habilidades, que podem não ficar tão claras no currículo, além de pegar contatos para os quais posteriormente enviará seu currículo. Já em encontros virtuais você precisará ser visto, por isso, procure participar nos chats com perguntas ou acrescentando informações. Fique atento e tente identificar as pessoas ou empresas que podem oferecer vagas, e não se esqueça de que é você que está procurando uma oportunidade, então, mostre-se e faça as pessoas com quem você entrou em contado se lembraremde você. Assim, quando essas pessoas tiverem uma vaga, você estará no topo da lista delas.

Como já foi mencionado, o networking começa na sala de aula. Dessa forma, ao realizar cursos de qualificação e aperfeiçoamento, você entrará em contato com pessoas diretamente ligadas à área, e quanto mais pessoas souberem que você está em busca de uma oportunidade, mais chances você terá de conquistar o que deseja.

Por fim, mantenha sempre seu currículo sempre atualizado, digitalizado e pronto para ser enviado. E não tenha medo, vergonha ou receio de falar sobre o seu curso, ou de abordar alguma pessoa que você sente que poderia te ajudar. Nunca se sabe quando uma oportunidade poderá aparecer.

11.1 CONCURSOS PÚBLICOS

Uma outra forma de buscar uma oportunidade no mercado de trabalho é por meio de concursos públicos, que podem ocorrer tanto na esfera municipal, como na estadual ou federal. Mas é preciso estar atento para o cumprimento dos requisitos exigidos pelos editais dos concursos. Geralmente, nesse tipo de seleção, a remuneração oferecida é boa, há plano de carreira, alguns bônus e benefícios, além da estabilidade profissional, e isso acaba atraindo muitos interessados, aumentando a concorrência. Por isso, o preparo é fundamental. Outro ponto que chama a atenção é que é possível encontrar vagas que não exijam experiências.

Por ser realizado por bancas examinadoras imparciais, que verificam o conhecimento técnico, a formação e o aperfeiçoamento profissional, as chances são iguais para quem concorre às vagas. No entanto, as taxas de inscrição costumam ser elevadas. Muitos concursos oferecem isenção total ou parcial da taxa, mas é preciso consultar as regras e condições do edital, pois cada concurso tem as suas próprias e elas podem ser muito diversas.

No âmbito federal, a isenção total ou parcial está regulada pelo artigo 11 da Lei nº 8.112, de 11 de dezembro de 1990, e pelo Decreto nº 6.593, de 2 de outubro de 2008, em que se determina que terá direito à isenção total do pagamento da taxa de inscrição quem estiver incluído no Cadastro Único (CadÚnico), que serve de base para os programas sociais do governo federal.

Se fizer uma busca rápida na internet sobre concurso público para técnico em segurança e saúde do trabalho, você vai encontrar muitas oportunidades, em diferentes regiões do país, o que pode ser perfeito para quem deseja atuar em outros lugares. Para quem ainda está estudando, é bom sempre ficar atento à data de comprovação da competência exigida, com entrega de documentos, inclusive do certificado de conclusão de curso. Se você tem interesse em fazer alguma prova, mesmo que ainda esteja estudando, verifique se o tempo entre a emissão de seu certificado e a convocação para a vaga é suficiente para que você consiga concluir o curso.

Organização e dedicação

O curso técnico em segurança e saúde do trabalho, assim como os demais cursos profissionalizantes, requer dos estudantes organização e dedicação para alcançar a formação adequada e o diploma que possibilitará a atuação como profissional.

Em sala de aula, cada docente tem sua metodologia, sua forma de ensinar, de conduzir a aula, de administrar o tempo e de avaliar, e isso é bom, pois os estudantes poderão explorar diferentes experiências e conhecimentos para sua formação. Para isso, é preciso se adaptar e conseguir absorver o máximo possível de quem está ensinando.

É importante que você também estabeleça a sua forma de aprender, ou seja, que faça um complemento dos seus estudos fora da sala de aula para conseguir ter mais domínio sobre os assuntos. Às vezes, o docente não identifica as dificuldades de cada estudante durante a aula e assim não consegue dar maior atenção a elas. Essa dificuldade do docente pode ter várias justificativas, por exemplo, a presença de muitos alunos, conteúdo muito extenso e trabalhoso, carga horária curta, entre outros motivos. No entanto, você não pode deixar que isso afete o seu aprendizado, então complemente-o da forma mais adequada.

É importante reservar um tempo para os estudos, portanto, estabeleça algumas horas durante semana além da sala de aula para desenvolver projetos, trabalhos ou atividades propostas pelos docentes do curso. Se não houver atividades, mantenha a disciplina de procurar conteúdo em livros e normas, tanto no formato impresso como no digital. Se você já atua na área, provavelmente deve ter percebido a necessidade de constante atualização, por isso, é bom buscar momentos de estudo, que podem ser em um curso de aperfeiçoamento ou qualificação ou até mesmo algumas horas dedicadas de leitura e interpretação, em especial de normas que estão sendo atualizadas ou de um assunto que você sinta que precisa ter mais domínio.

Crie também um plano de estudo. Elabore um cronograma com os assuntos em que tenha maior dificuldade e precise estudar, estabelecendo os períodos em que se dedicará a esses temas para aprimorar os conhecimentos. Quando você estabelece um plano de estudo, é possível perceber benefícios como foco, concentração, organização, aumento de produtividade nas entregas de atividades e no desempenho do aprendizado, motivação e ganho de tempo.

A elaboração do seu plano de estudo deve se pautar em alguns pontos:

> **Eleja o que você precisa estudar:** crie uma lista de assuntos e conteúdos que você precisa estudar e defina as prioridades. Separe os assuntos entre aqueles que são referências ou pré-requisitos para outros, assuntos de maior dificuldade, ou assuntos que você perdeu por faltar na aula.

> **Estabeleça datas para os estudos:** crie rotinas de estudo determinando quantos dias ou horas por semana vai se dedicar e também prazos. Dessa forma, é possível marcar outros compromissos sem atrapalhar seus estudos.

> **Determine horários:** a mesma disciplina dos dias deve ser aplicada aos horários. Estabeleça o início e o fim dos estudos com a duração que mais for confortável para você, sem se desgastar. Escolha o horário e a duração mais adequados para seus estudos. Para isso, considere um tempo para leitura, outro para o desenvolvimento da atividade, para a resolução dos problemas e para a reflexão sobre o tema. Se achar que terminou muito rápido, refaça ou avance para outro assunto. Calcule esse tempo e monitore o quanto gastou para fazer tudo. Seguindo esse roteiro, você conseguirá saber o tempo necessário para estudar sem se prejudicar.

> **Priorize dificuldades:** procure estudar primeiro os assuntos que você considera mais difíceis de assimilar, ou aquele que é pré-requisito para outros. Se não tiver mais dificuldade em nenhum assunto, aproveite esse tempo já reservado para fixar melhor assuntos recentes.

> **Decida a melhor forma para estudar:** observe qual é o melhor método de estudos para você, se em grupo ou sozinho, com música ao fundo ou sem, se em casa ou na instituição de ensino, com leituras ou vídeos e áudios sobre o assunto, mas não se esqueça também de estabelecer pausas para alongamentos ou lanches rápidos.

> **Mantenha o foco:** se criar e seguir as rotinas que você mesmo estabeleceu como meta, o foco sempre será mantido. Sempre consulte seu plano para não se esquecer de nada. Não se autossabote, seja fiel ao seu objetivo.

> **Reavalie seu plano de estudo:** depois de um tempo, avalie se o plano está dando certo, observando seu desenvolvimento nas avaliações, se consegue entregar as demandas do curso a tempo, se está conseguindo assimilar de forma mais fácil os assuntos, e se está tendo tempo para descansar. Se as respostas forem positivas, ótimo, continue; caso contrário, refaça o plano.

O seu plano de estudo deve priorizar as avaliações estabelecidas pelos docentes durante o curso, portanto, é importante estudar os assuntos da avaliação e também respeitar os prazos de entrega de atividades e trabalhos propostos. Outro aspecto fundamental é saber valorizar o seu tempo, por isso, não deixe seu tempo ocioso, aproveite-o o máximo que puder, por exemplo, atualize-se enquanto se desloca em um transporte público de casa para o trabalho (ou para o curso), ouça podcasts, faça suas leituras, assista a vídeos durante o trajeto e evite distrações com o celular.

O celular é um aparelho muito útil, mas também uma armadilha para desvio de foco. Reflita sobre o tempo que você gasta por dia verificando as redes sociais. Caso passe mais de 40 minutos, repense esse hábito. Não quero determinar o que você deve fazer, até porque você é o principal responsável pela sua formação, mas sim apresentar a melhor forma de aproveitar o seu tempo de aprendizado em segurança e saúde do trabalho.

Em sala de aula, tente fazer anotações do que os docentes dizem, mesmo que receba antecipadamente o conteúdo da aula. Outra dica é tentar chegar uns minutinhos antes de a aula começar para colocar o papo em dia com os colegas, para não fazer isso na hora da aula, além de não perder o início do conteúdo. Faça um checklist do material necessário para a aula antes de sair de casa.

Ainda em classe, evite conversas paralelas, pois isso distrai não apenas você como também os colegas ao redor. Ter de voltar a concentração depois de uma distração é muito trabalhoso. Sei que é difícil ter atenção o tempo todo, principalmente em assuntos muito teóricos, mas sempre há momentos de descontração na sala de aula ou de uma pausa no conteúdo, então aproveite essas ocasiões para descansar e repor as energias.

Explore os recursos disponíveis para melhorar seus conhecimentos. Existem diversos meios para você continuar se atualizando, aprendendo coisas novas ou se aprofundando em temas mais específicos, basta ter acesso a um dispositivo eletrônico, como um celular, computador, notebook, tablet, e à internet. Dessa forma, é possível consultar leis, normas, decretos e artigos escritos por especialistas, e acompanhar lives, podcasts e canais de segurança e saúde do trabalho, ao vivo ou no momento mais oportuno para você.

Um ponto importante que pode prejudicar a formação e o desenvolvimento são as faltas. Pela Lei nº 9.394, de 20 de dezembro de 1996, a chamada Lei de Diretrizes e Bases da Educação Nacional (LDB), um aluno não pode ser aprovado caso apresente uma quantidade de faltas superior a 25% das horas-aula dadas no ano letivo. É sempre bom ficar atento também à porcentagem de faltas da instituição onde você faz o curso. Muitos estudantes sempre fazem as contas de quantas faltas podem ter e isso não soa muito bem para quem quer ser um bom profissional em segurança do trabalho. Quando os estudantes me perguntam quantas faltas podem ter, eu sempre respondo que nenhuma. O direito de ter a porcentagem de faltas é para casos realmente necessários, como saúde, problemas de transporte público, mudança de horário no trabalho, entre outras situações em que não há meios de comparecer à aula.

Voltando à minha resposta, digo isso porque um dia de aula perdido pode significar um prejuízo grande para o aprendizado. Alerto novamente para sua responsabilidade sobre sua formação, pois, mesmo que precise faltar, é essencial pegar o assunto da aula perdida antes de comparecer à próxima. Converse com seus colegas, peça emprestado anotações; no caso de uma ausência programada, converse com os professores sobre o conteúdo que será dado no dia que não puder comparecer. Isso não vai abonar sua falta, mas demonstra comprometimento com o curso.

Aquela pessoa que diz controlar suas faltas, além de certamente ter um prejuízo pedagógico e de conhecimento técnico-científico, pode ultrapassar o limite se por um acaso acontecer algum imprevisto que a impeça de comparecer à aula. Não se exponha a esse risco; você tem a autonomia de eliminá-lo.

Tempo para descanso é importante e essencial. Quanto mais se dedicar a cumprir seu plano de estudo, mais disciplinado ficará, assim, com certeza você ganhará tempo para descansar e curtir momentos de lazer com as pessoas queridas. Mesmo focado na sua formação acadêmica, não se descuide da saúde física e mental. Estudar é trabalhoso, sim, mas não pode ser doloroso.

As horas de sono são fundamentais para um bom aproveitamento dos estudos. Falar é fácil e sei que muitas vezes não dá para ter esse tempo devido à correria da vida pessoal e profissional. Volto a destacar a importância da organização dos estudos por meio do plano de estudo, da disciplina de estabelecer as horas para se dedicar às atividades acadêmicas e de não procrastinar, de ter presença assídua nas aulas, fazer anotações que considera relevantes e sanar as dúvidas logo que as tiver. Tudo isso fará sobrar um tempinho para o lazer e também para aquele sono revigorante.

Mais uma vez, enfatizo que você é o principal responsável pela sua formação. Não se sabote procurando desculpas que lhe impeçam de se dedicar aos momentos de estudo.

Como se manter atualizado?

A internet é sem dúvida uma ferramenta essencial e indispensável para o nosso dia a dia. Ferramentas de busca, como o Google, são amplamente utilizadas por quem deseja encontrar informações e instruções.

Sempre que faço uma pergunta técnica a meus alunos ou passo uma atividade, os estudantes usam a internet como a primeira ferramenta de busca e, na maioria das vezes, digitam exatamente o que foi pedido, acessam o Google e ficam aguardando uma resposta completa. Isso me preocupa.

É mais fácil dar uma "googlada", mas não deveria ser assim. Em primeiro lugar, os estudantes devem se habituar a consultar primeiro as normas, mesmo que seja on-line. Depois de consultá-las, buscar estudos de caso ou atividades semelhantes e, com base em literatura técnica, resolver a questão ou o trabalho posposto de maneira mais assertiva.

Sou um entusiasta do uso de smartphones, tablets e outros dispositivos que dão acesso à internet para busca de informações em sala de aula. É evidente que não é possível ter em mãos todas as normas e leis relacionadas à segurança e saúde do trabalho, mas é importante saber discernir e julgar a pertinência e a qualidade das referências e fontes das informações encontradas on-line.

Para Lima (2012, p. 18):

> A sociedade contemporânea convive com mudanças globais que revelam um panorama desafiador, múltiplo em possibilidades, riscos e incertezas. Os reflexos desse cotidiano são as reconfigurações do *modus operandi* social, o qual evidencia uma dinâmica contínua de modernização e de readaptação a esse cenário mutante.

Na internet, também é possível assistir a vídeos, ler livros e artigos, participar de lives e ouvir podcasts, inclusive revisitar o conteúdo em outro momento, auxiliando no entendimento de alguns assuntos e a manter-se atualizado. No entanto, é preciso ter cuidado com a data da postagem dos conteúdos, pois podem estar desatualizados quanto à legislação vigente, e também atentar-se à orientação ou opinião dada, porque ela talvez seja baseada apenas na vivência de quem a publicou e pode não ser a resposta ou entendimento de que você precisa.

Quando precisar buscar informações, instruções e orientações, é importante pesquisar em sites confiáveis, por exemplo, que tenham .gov no seu endereço eletrônico; ou que sejam de empresas ou instituições conhecidas que realizam ações relevantes para segurança e saúde do trabalho, e de profissionais que sejam referência para a área.

Confira a seguir alguns sites em que é possível atualizar ou complementar o conteúdo dado em sala de aula:

> **MTE:** site do Ministério do Trabalho e Emprego que traz todas as normas regulamentadoras atualizadas.

> **Fundacentro:** página da Fundação Jorge Duprat Figueiredo de Segurança e Medicina do Trabalho, autarquia do governo brasileiro vinculada ao Ministério do Trabalho e Emprego e que tem por objetivo elaborar estudos e pesquisas sobre as questões de segurança, higiene, meio ambiente e medicina do trabalho. No site, você encontrará, além dos estudos e pesquisas conduzidos pela instituição, cursos e eventos, publicações disponíveis para download, e teses e dissertações produzidas pelo programa de pós-graduação da Fundacentro "Trabalho, Saúde e Ambiente".

> **Sintesp:** o Sindicato dos Técnicos em Segurança do Trabalho no Estado de São Paulo traz em seu site informações sobre a profissão e a área. Também é possível encontrar formas de qualificações, piso salarial da categoria em diversos setores, entre outros dados.

> **Observatório de Segurança e Saúde no Trabalho:** "[...] desenvolvido pela iniciativa SmartLab de Trabalho Decente, em colaboração com pesquisadores da Faculdade de Saúde Pública da USP no âmbito do projeto 'Acidente de Trabalho: da Análise Sociotécnica à Construção Social de Mudanças'. O objetivo fundamental da ferramenta é o de melhor informar e subsidiar políticas públicas de prevenção de acidentes e doenças no trabalho, de modo que todas as ações, programas e iniciativas passem a ser orientadas por evidências não apenas em nível nacional, mas principalmente em cada um dos 5.570 municípios brasileiros."

> **Google Livros:** ferramenta do Google que disponibiliza livros e revistas.

> **Google Notícias:** recurso do Google que compila matérias jornalísticas de diversos veículos. É possível selecionar assuntos de interesse e se manter atualizado.

> **Google Acadêmico:** ferramenta do Google que permite a localização de textos e artigos acadêmicos, dissertações, teses, entre outras publicações.

> **Cetesb:** site da Companhia Ambiental do Estado de São Paulo, no qual você poderá encontrar, entre outros arquivos, a lista completa de produtos químicos.

> **ABHO:** a página da Associação Brasileira de Higienistas Ocupacionais disponibiliza a consulta a artigos publicados por especialistas e profissionais referências em higiene ocupacional. A instituição também oferece cursos de qualificação.

> **Corpo de Bombeiros do Estado de São Paulo:** no site da corporação, é possível encontrar todas as instruções técnicas e decretos relacionados a combate e prevenção de incêndios, além do sistema do Via Fácil para realização de procedimentos como adquirir ou renovar o Auto de Vistoria do Corpo de Bombeiros (AVCB), o Certificado de Licenciamento do Corpo de Bombeiros (CLCB) e o Termo de Autorização para Adequação do Corpo de Bombeiros (TAACB). A página disponibiliza também publicações, cursos virtuais e aplicativos, entre eles o aplicativo Bombeiros IT – Instruções Técnicas, que contém a regulamentação de segurança contra incêndios.

> **Animaseg:** o site da Associação Nacional da Indústria de Material de Segurança e Proteção ao Trabalho disponibiliza publicações técnicas, circulares, normas ilustrativas, manuais, entre outros documentos.

> **ConsultaCA:** site que realiza consultas de Certificado de Aprovação (CA) dos EPIs, entre outras informações, como a validade do CA, fabricante e descrição do EPI. Mediante cadastro, é possível obter o certificado em PDF, emitido pelo MTE.

> **NIOSH:** site do National Institute for Occupational Safety and Health ([Instituto Nacional de Segurança e Saúde Ocupacional]), agência norte-americana que realiza pesquisas e produz recomendações para prevenção de lesões e doenças relacionadas ao trabalho.

Uma palavra final

Sempre na minha primeira aula de uma turma que está iniciando o curso técnico em segurança e saúde do trabalho, costumo dar uma dica muito importante para os alunos. Enfatizo que a dica vale ouro e que nunca vão se esquecer dela, pois com ela é possível resolver qualquer questão de segurança e saúde do trabalho. Peço a eles que estejam prontos para escrevê-la assim que eu a der. Então digo que a dica é: "se virem!".

Isso mesmo, a dica é "se virem!". Quando eu falo isso em sala de aula, alguns alunos não entendem nada; outros riem, outros se recusam a escrever e outros acabam escrevendo exatamente como eu solicitei. Mas o que eu quero dizer com "se virar"? Entendo que, hoje, as informações estão na palma da mão dos estudantes, e o que eles fazem com elas é o que vai determinar o sucesso ou insucesso de cada um na profissão. Como professor, acredito que tenho a responsabilidade de instruir os meus alunos a buscar as informações corretas e a resolver as diversas situações apresentadas em sala da forma mais assertiva possível, com base na legislação. Por isso, não posso dá-las de mão beijada, porque o mercado não fará isso, e o meu compromisso com todos é prepará-los da melhor forma que eu puder. Digo a todos que não posso lhes garantir um emprego quando terminarem o curso, mas garanto com toda a certeza que vou entregar com toda minha dedicação e atenção uma formação adequada para eles. E a cobrança que eu faço para todos é a de sempre buscarem o melhor. Até brinco, se eu posso dificultar, então por que eu vou facilitar?

Brincadeiras à parte, a empresa que contrata um profissional em segurança e saúde do trabalho não vai facilitar a vida dele por ser recém-formado, ou por ter pouca experiência. Você será cobrado como profissional, então terá de "se virar" sempre. Eu tento passar essas dificuldades para os meus alunos em sala de aula. Certa vez, em uma aula sobre a CIPA, passei todo o conceito da NR-5, solucionei as dúvidas e apliquei atividades e exercícios. Mais tarde, um aluno me enviou um e-mail me pedindo ajuda para realizar a atividade que propus em aula. Eu o respondi dizendo que a solução estava anexa. Na outra semana ele me abordou e me disse que havia recebido meu e-mail, mas que o anexo continha apenas a NR-5, e que isso ele já tinha. Eu expliquei a ele que a ajuda que ele havia me pedido estava na NR-5, bastava ele desenvolver a atividade. Mas acho que o que ele queria era a resolução pronta, e isso eu não passo.

Os estudantes precisam se esforçar e buscar compreender as normas da forma que lhes for mais proveitosa, seja fora da sala de aula, com vídeos ou áudios, ou com os colegas; mas é importante que tentem resolver os problemas em vez de esperar ter as respostas na mão. É melhor fazer e errar do que, com medo de errar, não fazer. A sala de aula é o espaço adequado para isso.

É bem provável que em suas primeiras experiências de trabalho na área, você precisará atuar sozinho, e a quem recorrerá em caso de dúvidas, de incerteza ou inabilidade diante de uma situação? Você precisará buscar informações e referências na internet, pedir ajuda a algum colega da época do curso ou até mesmo entrar em contato com o seu antigo professor para buscar uma orientação. Tudo isso é natural e compreensível: a busca por informações é primordial para tomadas de decisão. Portanto, aí está o "se virar". Uma vez formado, com diploma na mão e uma vaga de emprego conquistada, serão esperadas de você posturas e atitudes profissionais, e as cobranças virão de todos os lados: os colaboradores vão querer testar seus conhecimentos; a fiscalização vai exigir o cumprimento das normas; e você é o responsável pela prevenção de acidentes.

É muito difícil dar conta de tudo, mas com uma boa formação é possível atingir os objetivos e conquistar os sonhos que você imaginou para si mesmo. Todo o conteúdo desta obra foi desenvolvido para que você compreendesse a importância disso.

É fato que a área de segurança e saúde do trabalho é bem complicada e de difícil entendimento. Há muito conteúdo técnico, mas pouco sobre como realizar uma formação mais adequada para o mercado de trabalho. Pensando nessa lacuna é que transmiti ao longo deste livro todas as orientações que já venho repassando diariamente em minha atuação como professor, para que chegue a você o que eu mesmo não tive durante a minha formação.

Acredito que se você colocar em prática as dicas apresentadas, conseguirá aproveitar ao máximo o processo de ensino-aprendizagem durante seu o período de formação, que compreende 1.200 horas de muito conhecimento. Tenho certeza de que a cada conteúdo passado e aprendido, os estudantes vão percebendo o tamanho da responsabilidade de exercer a função de técnico em segurança e saúde do trabalho. Aposto que também vão se apaixonando pela área, porque percebem a importância de seu trabalho e como ele afeta diretamente a saúde e o bem-estar das pessoas. É gratificante contribuir para um ambiente de trabalho mais adequado, seguro e confortável para todos.

O desenvolvimento dos estudantes é a minha maior motivação e também a minha grande inspiração. Sempre falo para todos que a minha aula de hoje é melhor que a do dia anterior, porque os alunos de hoje me ajudam a melhorar para a próxima. Toda a minha dedicação é em retribuição ao que recebo deles, que é admiração, gratidão e reconhecimento.

De certa forma, eu me considero uma pequena parte do sonho de outras pessoas. Posso afirmar que uma das minhas maiores alegrias é quando recebo a notícia de que um aluno conseguiu uma oportunidade para atuar, de que está se desenvolvendo bem na área e de que está muito feliz por exercer a função para a qual se dedicou muito. Por isso, tenho a obrigação de dar o meu máximo para oferecer a melhor formação possível; se não, o que eu estaria fazendo em sala de aula?

Referências

ASSOCIAÇÃO BRASILEIRA DE HIGIENISTAS OCUPACIONAIS (ABHO). Homepage. **ABHO**, [s. d.]. Disponível em: https://www.abho.org.br. Acesso em: 7 abr. 2023.

ASSOCIAÇÃO NACIONAL DA INDÚSTRIA DE MATERIAL DE SEGURANÇA E PROTEÇÃO AO TRABALHO (ANIMASEG). Homepage. **Animaseg**, [s. d.]. Disponível em: https://animaseg.com.br/. Acesso em: 7 abr. 2023.

BRASIL. **Decreto nº 6.593, de 2 de outubro de 2008**. Regulamenta o art. 11 da Lei nº 8.112, de 11 de dezembro de 1990, quanto à isenção de pagamento de taxa de inscrição em concursos públicos realizados no âmbito do Poder Executivo federal. 2008. Disponível em: https://www.planalto.gov.br/ccivil_03/_ato2007-2010/2008/decreto/d6593.htm. Acesso em: 6 fev. 2024.

BRASIL. **Decreto nº 92.530, de 9 de abril de 1986**. Regulamenta a Lei nº 7.410, de 27 de novembro de 1985, que dispõe sobre a especialização de Engenheiros e Arquitetos em Engenharia de Segurança do Trabalho, a profissão de

Técnico de Segurança do Trabalho e dá outras providências. 1986. Disponível em https://www.planalto.gov.br/ccivil_03/decreto/1980-1989/1985-1987/d92530.htm. Acesso em: 22 dez. 2022.

BRASIL. Fundação Jorge Duprat Figueiredo de Segurança e Medicina do Trabalho (Fundacentro). Cursos de especialização e qualificação profissional – 1973 a 1986. **Fundacentro**, [s. d.]a. Disponível em: https://www.gov.br/fundacentro/pt-br/centrais-de-conteudo/cursos-e-eventos/cursos-antigos. Acesso em: 18 mar. 2024.

BRASIL. Fundação Jorge Duprat Figueiredo de Segurança e Medicina do Trabalho (Fundacentro). História da Fundacentro. **Fundacentro**, 8 ago. 2023. Disponível em: https://www.gov.br/fundacentro/pt-br/comunicacao/resgate-historico. Acesso em: 6 maio 2024.

BRASIL. Fundação Jorge Duprat Figueiredo de Segurança e Medicina do Trabalho (Fundacentro). Informações sobre os cursos (1973 a 1986). **Fundacentro**, [s. d.]b. Disponível em: http://antigo.fundacentro.gov.br/cursos-e-eventos/informacoes-sobre-os-cursos1973-a-1986. Acesso em: 6 fev. 2024.

BRASIL. **Lei nº 7.410, de 27 de novembro de 1985**. Dispõe sobre a Especialização de Engenheiros e Arquitetos em Engenharia de Segurança do Trabalho, a Profissão de Técnico de Segurança do Trabalho, e dá outras Providências. 1985. Disponível em: https://www.planalto.gov.br/ccivil_03/leis/l7410.htm. Acesso em: 6 fev. 2024.

BRASIL. **Lei nº 8.112, de 11 de dezembro de 1990**. Dispõe sobre o regime jurídico dos servidores públicos civis da União, das autarquias e das fundações públicas federais. 1990. Disponível em: https://www.planalto.gov.br/ccivil_03/leis/l8112cons.htm. Acesso em: 6 fev. 2024.

BRASIL. **Lei nº 9.394, de 20 de dezembro de 1996**. Estabelece as diretrizes e bases da educação nacional. 1996. Disponível em: https://www.planalto.gov.br/ccivil_03/leis/l9394.htm. Acesso em: 1 mar. 2024.

BRASIL Ministério da Saúde. Organização Pan-Americana da Saúde. **Doenças relacionadas ao trabalho**: manual de procedimentos para os serviços de saúde. Brasília: Ministério da Saúde, 2001. Disponível em: https://bvsms.saude.gov.br/bvs/publicacoes/doencas_relacionadas_trabalho1.pdf. Acesso em: 6 maio 2024.

BRASIL. Ministério do Trabalho e Emprego. Normas regulamentadoras – NR. **Ministério do Trabalho e Emprego**, 14 fev. 2023. Disponível em: https://www.gov.br/trabalho-e-emprego/pt-br/assuntos/inspecao-do-trabalho/seguranca-e-saude-no-trabalho/ctpp-nrs/normas-regulamentadoras-nrs. Acesso em: 6 fev. 2024.

BRASIL. Ministério do Trabalho e Previdência. **Portaria MTP nº 671, de 8 de novembro de 2021**. Regulamenta disposições relativas à legislação trabalhista, à inspeção do trabalho, às políticas públicas e às relações de trabalho. 2021. Disponível em: https://in.gov.br/en/web/dou/-/portaria-359094139. Acesso em: 6 fev. 2024.

BRASIL. Ministério do Trabalho. **Portaria MTB nº 3.275, de 21 de setembro de 1989**. Dispõe sobre as atividades do Técnico de Segurança do Trabalho. 1989. Disponível em: https://www.normasbrasil.com.br/norma/portaria-3275-1989_180582.html. Acesso em: 19 fev. 2023.

BUSINESS NETWORKING. *In*: WIKIPEDIA: the free encyclopedia, [*s. d.*]. Disponível em: https://en.wikipedia.org/wiki/Business_networking. Acesso em: 19 fev. 2023.

COMPANHIA AMBIENTAL DO ESTADO DE SÃO PAULO (CETESB). Lista Completa de Produtos Químicos. **Cetesb**, [*s. d.*]. Disponível em: https://produtosquimicos.cetesb.sp.gov.br/Ficha. Acesso em: 7 abr. 2023.

CONSULTA CA. Homepage. **Consulta CA**, [*s. d.*]. Disponível em: https://consultaca.com/. Acesso em: 7 abr. 2023.

FREIRE, Paulo. **Pedagogia da autonomia**: saberes necessários à prática educativa. 25. ed. São Paulo: Paz e Terra, 1996.

FUNDAÇÃO BRADESCO. Escola Virtual. **Fundação Bradesco**, [*s. d.*]. Disponível em: https://www.ev.org.br/cursos. Acesso em: 18 mar. 2023.

JUSBRASIL. Saiba quem tem direito à isenção de taxa de inscrição em concursos públicos. **Jusbrasil**, [2016]. Disponível em: https://qualconcurso. jusbrasil.com.br/noticias/369178686/saiba-quem-tem-direito-a-isencao-de-taxa-de-inscricao-em-concursos-publicos. Acesso em: 12 mar. 2023.

KAHOOT!. Homepage. **Kahoot!**, [*s. d.*]. Disponível em: https://kahoot.com/. Acesso em: 19 jan. 2023.

LIMA, Márcio Roberto de. Cibereducação: tensões, reflexões e desafios. **Cadernos da Pedagogia**, São Carlos, ano 5, v. 5, n. 10, p. 18-29, jan./jun. 2012.

MENDES, René. Bernardino Ramazzini, um médico cada vez mais necessário. **Boletim da FCM**, Campinas, v. 12, n. 2, 2018. Disponível em: https://www. fcm.unicamp.br/boletimfcm/mais_historia/bernardino-ramazzini-um-medico-cada-vez-mais-necessario. Acesso em: 6 maio 2024.

NATIONAL INSTITUTE FOR OCCUPATIONAL SAFETY AND HEALTH (NIOSH). Homepage. **NIOSH**, [*s. d.*]. Disponível em: https://www.cdc.gov/niosh/index. htm. Acesso em: 10 nov. 2022.

OBSERVATÓRIO DE SEGURANÇA E SAÚDE NO TRABALHO. Homepage. **SmartLab**, [*s. d.*]. Disponível em: https://smartlabbr.org/sst. Acesso em: 14 dez. 2022.

OLIVEIRA, Marcos Alberto. **Saúde, segurança do trabalho e meio**. São Paulo: Editora Senac São Paulo, 2018.

REIS, Matheus. A história de SST escrita no mundo e no Brasil: do século XVIII ao XXI. **SST Online**, 23 dez. 2019. Disponível em: https://www.sstonline. com.br/a-historia-de-sst-no-mundo-e-no-brasil/. Acesso em: 6 maio 2024.

REVOLUÇÃO INDUSTRIAL. *In*: WIKIPÉDIA: a enciclopédia livre, [*s. d.*]. Disponível em: https://pt.wikipedia.org/wiki/Revolu%C3%A7%C3%A3o_ Industrial. Acesso em: 22 jan. 2023.

ROJAS, Pablo R. A. **Técnico em segurança do trabalho**. Porto Alegre: Bookman, 2015.

SÃO PAULO (estado). Corpo de Bombeiros do Estado de São Paulo. Homepage. **Corpo de Bombeiros do Estado de São Paulo**, [s. d.]. Disponível em: http://www.corpodebombeiros.sp.gov.br/. Acesso em: 7 abr. 2023.

SÃO PAULO (estado). **Decreto Estadual nº 63.911, de 10 de dezembro de 2018**. Institui o Regulamento de Segurança Contra Incêndios das edificações e áreas de risco no Estado de São Paulo e dá providências correlatas. 2018. Disponível em: https://www.al.sp.gov.br/repositorio/legislacao/decreto/2018/decreto-63911-10.12.2018.html. Acesso em: 1 mar. 2024.

SÃO PAULO (estado). **Lei complementar nº 1.257, de 6 de janeiro de 2015**. Institui o Código estadual de proteção contra Incêndios e Emergências e dá providências correlatas. 2015. Disponível em: https://www.al.sp.gov.br/repositorio/legislacao/lei.complementar/2015/lei.complementar-1257-06.01.2015.html. Acesso em: 1 mar. 2024.

SERVIÇO NACIONAL DE APRENDIZAGEM COMERCIAL (SENAC). Curso Técnico em Segurança do Trabalho. Histórico da segurança do trabalho no mundo. [s. d.]. Disponível em: https://www.ead.senac.br/drive/tecnico_seguranca_trabalho/index.html. Acesso em: 6 maio 2024.

SINDICATO DOS TÉCNICOS DE SEGURANÇA DO TRABALHO NO ESTADO DE SÃO PAULO (SINTESP). Convenção coletiva. **Sintesp**, [2024]. Disponível em: https://www.sintesp.org.br/convencao-coletiva.php. Acesso em: 6 fev. 2024.

ANEXOS

RESPOSTAS DAS ATIVIDADES

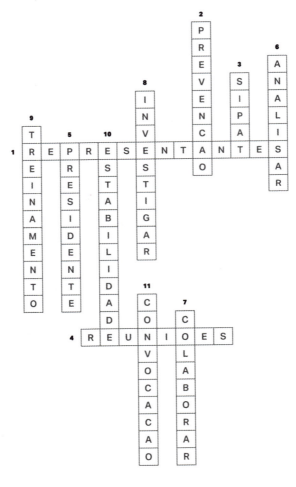

1 REPRESENTANTES
2 PREVENCAO
3 SIPAT
4 REUNIOES
5 PRESIDENTE
6 ANALISAR
7 COLABORAR
8 INVESTIGAR
9 TREINAMENTO
10 ESTABILIDADE
11 CONVOCACAO

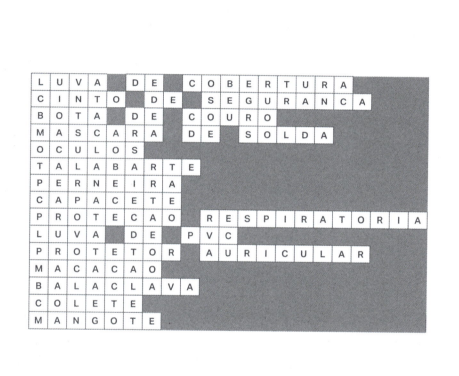

LUVA DE COBERTURA
CINTO DE SEGURANÇA
BOTA DE COURO
MASCARA DE SOLDA
OCULOS

TALABARTE
PERNEIRA
CAPACETE
PROTECAO RESPIRATÓRIA
LUVA DE PVC

PROTETOR AURICULAR
MACACÃO
BALACLAVA
COLETE
MANGOTE

Ancelmo Nascimento é técnico em segurança do trabalho (2004) e em gestão ambiental (2008). Formado em engenharia ambiental pela Universidade São Marcos (2011), pós-graduado em engenharia de segurança do trabalho pela Escola Politécnica da Universidade de São Paulo (Poli-USP) (2012) e também pós-graduado em docência no ensino superior pela Universidade Cruzeiro do Sul (2019). Tem licenciatura em matemática para graduados pela R2 Pedagogia (2020) e é mestre em novas tecnologias na educação pela MUST University (2022).

Com formação completa de instrutor de bombeiro civil e em Normas Regulamentadoras específicas, atua como palestrante e consultor em segurança do trabalho em diversos segmentos e realiza treinamentos na área de segurança do trabalho e meio ambiente. É professor de curso técnico desde 2009 e docente do Senac São Paulo desde 2010, em cursos em segurança do trabalho e em outras modalidades.

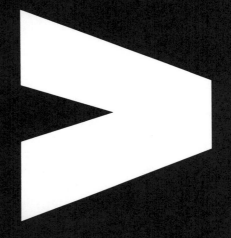